VW SCIROCCO & CORRADO

Joachim Kuch

Motor
buch
Verlag

Einbandgestaltung: Frank Zähringer unter Verwendung von Motiven aus dem Archiv des Autors.

Alle Abbildungen, soweit nicht anders vermerkt, entstammen dem Archiv der Volkswagen AG, Volkswagen Classic und Stiftung AutoMuseum Volkswagen.

Der Autor dankt Herrn Eberhard Kittler, Herrn Alexander Franc Storz, Herrn Jörg Fritz (https://roterscirocco.de.tl/) sowie Herrn Horst Rosenblatt für die wertvolle Unterstützung und die Überlassung von Fotos und Informationen.

1. Auflage 2018

ISBN 978-3-613-04065-6

www.motorbuch-verlag.de

Innengestaltung: Frank Zähringer / Luis dos Santos
Druck und Bindung: Graspo CZ, 76302 Zlin
Printed in Czech Republic

Scirocco und Corrado waren vielleicht keine klassischen Sportwagen, aber emotionale Imageträger. Jetzt gibt es sie nicht mehr, und im VW-Programm klafft eine große Lücke.

Vom Versuch, einen echten Sportwagen zu bauen

Ferdinand »Ferry« Porsche sagte einmal: »Das letzte Auto, das gebaut werden wird, wird ein Sportwagen sein.«. An Volkswagen dürfte er dabei zu keiner Zeit gedacht haben, denn Sportwagen und Volkswagen, das geht irgendwie nicht zusammen. Heute nicht, und damals schon gleich gar nicht.

Damals, das heißt: Ende der Sechziger, Anfang der Siebziger. Volkswagen steckte tief im Schlamassel, denn viel zu lange hatte man das Evangelium des luftgekühlten Heckmotors heruntergebetet. Moderne Konzepte und ein neues Image waren notwendig, und dieser Paradigmenwechsel verhalf Volkswagen zu seiner ersten wirklich sportlichen Modellreihe. Das erstaunte den Fachmann, und der VW-Fahrer erkannte »seine« Marke nicht wieder: Ausgerechnet die finanzschwache Volkswagen AG leistete sich den Luxus eines dreitürigen Coupés, das dann auch noch Monate vor dem Käfer-Nachfolger, dem Golf, im März 1974 erschien. Andererseits: So war dem Neuling maximale Aufmerksamkeit sicher, und da er die Golf-Technik vorwegnahm, vermittelte er schon einen ersten Eindruck von den Qualitäten des sagenumwobenen Käfer-Epigonen EA 337.

Intern als EA 398 bekannt, war der bei Giugiaro gestylte Scirocco parallel zum Golf entstanden, und auch sein Entstehungsort, nämlich die Karmann-Bänder, war kein Zufall. Erstens waren die prognostizierten Stückzahlen zu klein für Wolfsburg, und zweitens benötigten die Osnabrücker dringend Ersatz für das hoffnungslos veraltete Karmann-Ghia-Coupé auf Käfer-Basis. Der »Große Karmann Ghia« auf Typ-3-Basis war ein Verkaufsflop gewesen, und der VW-Porsche 914 war nun auch nicht zukunftsträchtig. Und die eigenen Coupés (TC) konnte Karmann nur in Brasilien loswerden, denn auch diese hatten die luftgekühlten Boxer im Heck.

Der Scirocco entstand aber auch, weil Giugiaro die Golf-Plattform für die ideale Basis eines kleinen Coupés hielt. Nachdem Karmann schon 1969 signalisiert hatte, die Entwicklungskosten eines zukünftigen Nischenmodells auf Basis des in Planung befindlichen A-Autos (Wolfsburgs A-Klasse war – und ist bis heute – der Golf, während der Passat als B-Klasse figuriert) zu übernehmen, konnte das Auto schließlich gebaut werden.

Die Scirocco-Karosserie war leicht, effizient und zeittypisch elegant, die Technik teilte er sich mit dem Golf, das heißt also Frontantrieb, Quermotor und Verbundlenkerachse, McPherson-Federbein-Vorderachse und Zahnstangenlenkung. Und da er vor dem Golf erschien, war der Scirocco der Hinweis darauf, wie Volkswagen sich ein optimales Frontantriebslayout vorstellte. Die Antriebspalette glich jener des Golf, und auch die zweite Scirocco-Generation war in erster Linie ein Golf-Coupé und wurde meist auch als solches verstanden. Diese Wahrnehmung änderte sich erst mit der dritten Generation, wo der Scirocco als Produkt des Konzernbaukastens begriffen wurde und weniger als sportlich herausgeputzter Golf.

Außerdem war der Scirocco der zweite neue Volkswagen, der nach einem Wind benannt worden war, diesmal stand ein heißer Wüstenwind Pate, wobei unternehmensinterne Protokolle belegen, dass auch die Schreibweise »Scirokko« diskutiert wurde und man da »exotische« Assoziationen hatte, vielleicht zu einem Auto von Alfa Romeo. Pläne, den Wagen für die USA »Blizzard« zu nennen, ließ man wieder fallen.

Bei Karmann in Osnabrück gebaut, diente der vor dem Golf eingeführte Scirocco dazu, den Antriebsstrang zu testen und den Werkstätten Gelegenheit zu geben, sich mit der neuen Technik vertraut zu machen. Außerdem konnte so auch schrittweise die Taktzahl der neuen Motor-Fertigungsstraßen erhöht werden, denn eines war klar: Wenn der Golf anlief, musste alles reibungslos funktionieren – und es mussten viel höhere Stückzahlen gefahren werden. »Eigentlich ist der Scirocco viel weniger wichtig als seine Auswirkungen«, urteilte das britische Fachblatt *Motor* und traf damit den Nagel auf den Kopf.

Ein Sonderrolle hat stets der Corrado gespielt. Ursprünglich als Scirocco-Nachfolger mit Golf II-Genen geplant, wurde er dann deutlich höher positioniert. Als Wolfsburger Spielmacher sollte er Volkswagen als Sportwagenmarke verankern, scheiterte aber letztlich: Volkswagen baut bis heute sportliche Wagen, aber keine Sportwagen.

Frischer Wind aus Wolfsburg

Vorsicht ist die Mutter der Porzellankiste, heißt es so schön, und vorsichtig ging Volkswagen auch beim Käfer-Nachfolger Golf zu Werke: Die komplett neue Technik mit Quermotor und Frontantrieb wurde zunächst im Karmann-Ghia-Nachfolger Scirocco eingesetzt – sollten dabei Schwierigkeiten auftreten, die vielleicht auf technische oder konstruktive Mängel zurückzuführen wären, hätte man vor Serienanlauf des viel wichtigeren Golf vielleicht noch etwas ändern können.

Die Vorsicht war verständlich, aber überflüssig: Technik und Konzeption bewährten sich glänzend, die Generalprobe gelang bestens. Benannt nach einem afrikanischen Wüstenwind, trat dieser Golf im Sportanzug mit seiner modischen Heckklappe innerhalb der VW-Modellpalette die Nachfolge des Karmann-Ghia an, tatsächlich wurde das von Giugiaro gestylte Coupé auch bei Karmann hergestellt.

Seinen ersten offiziellen Auftritt hatte das neue Sportcoupé auf dem Genfer Salon im März 1974. Die Presse war zur Vorstellung in den Tagen zwischen dem 25.2. und 8.3., dem Salonbeginn, herzlich dazu eingeladen worden, auf dem Testgelände Ehra-Lessien vorab den Neuen auf Herz und Nieren zu prüfen. Der Wagen mit dem Entwicklungscode EA 398 war einer der drei für 1974 angekündigten neuen Volkswagen.

Der Gepäckraum fasste nach VW-Messung 347 Liter; bei umgeklappter Rücksitzlehne dann 533 Liter. (Foto: Schwab / Slg. Kuch)

Giugiaros Firma ItalDesign ist seit 2010 Bestandteil des Volkswagen-Konzerns. Das lag aber bei der Scirocco-Premiere noch in weitere Ferne.

WOB - V 773

auto motor und sport

E 1418 D

Heft 6 16. März 1974 DM 2.–

Test Simca 1100 GLS/54 PS Oldsmobile Cutlass

Forderung an Bonn: Höhere km-Pauschale! Der bisherige Satz genügt längst nicht mehr

Neu VW aus Wolfsburg: Scirocco Großer Bild- und Fahrbericht

Kaufspiegel Obere Mittelklasse Autos von 10 000 bis 15 000 DM

Auto-Lexikon Alles Wissen vom Auto kurz und übersichtlich

Lauritzens Autobahn-Tempostopp: Protest überall

Die neue Volkswagen-Generation sorgte für ein gewaltiges Rauschen im Blätterwald. Weltweit wurde darüber berichtet.

Karmann hat seine Fahrzeuge gerne vor ländlicher Postkartenidylle ablichten lassen. Vom 1303 Cabriolet zum Beispiel gibt es ein ähnliches Motiv.
(Foto: Karmann)

Der Scirocco entstand auf den Bändern von Karmann. Die gelben Scheinwerfer beweisen: Auch die Franzosen fuhren gerne das VW-Coupé. (Foto: Karmann)

DER VOLKS-SPORTLER

Die Überraschung indes hielt sich in Grenzen, denn es war klar, dass das Sportcoupé in erster Linie einen Appetithappen darstellte. Das eigentliche Interesse konzentrierte sich auf den drei Monate später startenden Golf. So lange der aber nicht zur Verfügung stand, hatte der Scirocco die Schlagzeilen ganz für sich alleine. Und es waren positive Nachrichten in einer Zeit, in der über Volkswagen sonst nur schlechtes zu lesen war: Volkswagen nämlich steckte ganz tief im Schlamassel: Laut VW-Chef Leiding war der Konzern 1971 ganz knapp an roten Zahlen vorbeigeschrammt, zwölf Millionen Mark Gewinn bei einem Umsatz von etwa 17 Milliarden – »das war mehr als dürftig«. 1972 stieg der Gewinn auf 86 Millionen Mark und 1973 auf etwa 110 Millionen, doch: »zuwenig in Relation zum Umsatz«. Und für 1974 erwartete der Konzernlenker rund 1,5 Milliarden höhere Kosten, eine halbe Milliarde ging dabei allein auf das Konto des miesen US-Geschäftes. Der Jahresabschluss 1974 wies dann auch Verluste in Höhe von 807 Millionen Mark aus. Zu diesem Zeitpunkt war Leiding bereits nicht mehr im Amt, und das, obwohl er innerhalb kürzester Zeit die Produktpalette radikal umkrempelte und auf neue Gleise gesetzt hatte – *Der Spiege*l zitiert den damaligen BMW-Chef Eberhard von Kuehnheim darob mit dem Worten: »eine Leistung, die ihm wohl keiner nachmacht«.

Über einen Nachfolger für den Typ 14, den Karmann-Ghia, diskutierte man bei Volkswagen seit 1969, im August 1971 fiel die Entscheidung, auf Basis des EA 337 (VW Golf) einen sportlichen Ableger zu bauen, dessen Markteinführung zum 1. Februar 1974 erfolgen sollte. Dieser Termin war bewusst rund »1/2 Jahr vor Einsatz des EA 337« gelegt worden. Karmann veranschlagte eine Frist von 20 Monaten von der Stylingfreigabe bis zum Produktionsbeginn; interne Schreiben nennen eine projektierte Stückzahl von 300 bis 350 Einheiten pro Tag. Der neue Wagen sollte rund 2.000 Mark teurer werden als die Limousine.

Karmann entwickelte die Rohkarosserie und die komplette Außenhaut; VW lieferte Motor, Elektrik, Tank, Bedienungselemente, Achsen und so weiter: Wo immer möglich, sollten mit dem Golf baugleiche Teile zum Einsatz kommen. Mit der eigentlichen Konstruktion begann Karmann im Mai 1972, wobei aus Kosten- und Zeitgründen nicht Giugiaros Armaturenbrettlösung, sondern eine Wolfsburger Entwicklung umgesetzt wurde.

Die ersten acht Fahrzeuge entstanden im Oktober 1973. Doch schon jetzt war absehbar, dass die US-Einführung nicht vor August 1974 erfolgen würde. Die Die Ausliferung der Modelle für Deutschland sollte im Februar 1974 erfolgen, zunächst ausschließlich mit dem 70-PS-Motor.

Und auch sonst gab es viele Schwierigkeiten, es standen nicht genügend Teile zur Verfügung, Lieferengpässe und Schwierigkeiten in Fertigung und Endkontrolle sorgten für einen wesentlich langsameren Anstieg der Produktionskurve als geplant. Claudia Böhlers Scirocco-Buch von 2008 berichtet sogar von Hubschraubertransporten bestimmter dringender Fehlteile ans Karmann-Band.

DER GHIA-NACHFOLGER UNTER DER LUPE

»Leidings neuer Baukasten«, so *auto motor und sport*, war in der Vergangenheit von der Presse schon vielfach ausführlich besprochen und vorgestellt worden, die technischen Parameter waren bekannt. Insofern waren die technischen Details schnell abgehakt. Die Entstehung, frozzelten die Tester des Stuttgarter Fachblatts bei der Vorstellung 1974, verdanke der Scirocco mutmaßlich der Tatsache, dass die VW-Entwickler endlich einmal die Möglichkeiten ihres eigenen Testgeländes – Ehra-Lessien – ausloten wollten: »Weder mit dem lahmen alten Käfer noch mit dem zivilen, in der Lenkung indirekten Passat fühlt man sich im Heide-Kurvengewirr ganz zu Hause.«

Mit dem Scirocco läutete Volkswagen die Golf-Ära ein, beide entstanden nach Giugiaro-Entwürfen. Allerdings erhielt nur das Coupé die Breitband-Scheinwerfer, der Designer hatte diese Lösung auch für den Golf vorgesehen. (Foto: Schwab / Slg. Kuch)

Aufregend vernünftig: Die erste Anzeigenkampagne für den neuen Sportler aus Wolfsburg setzte weniger auf Fahrleistungen und Dynamik, als vielmehr auf Vernunft und Sparsamkeit: Seit Ausbruch der Ölkrise im Oktober 1973 gingen die Uhren auch in Wolfsburg anders.

Frontantrieb, Federbeinvorder- und Verbundlenkerhinterachse, Negativer Lenkrollradius sowie Käfer-Radstand entsprachen dem folgenden Golf, doch anders als dieser hatte jeder Scirocco vorne Scheibenbremsen. Der erste Volkswagen, der »ohne fremde Hilfe entwickelt« (*auto motor und sport*) worden war – also kein umgestrickter Audi wie der Passat und auch keine NSU-Entwicklung wie der K70 – brachte auf 3,85 Metern Länge Fahrer und Beifahrer anständig unter, nur wenn diese mit Nachwuchs gesegnet waren, wurde es richtig eng: Die Rücksitze »reichen höchstens für Kinder«, schrieben die Eidgenossen von Schweizer *AR*, und legten auch gleich das Maßband an: 78 Zentimeter hinten bis zum Dach und 47 Zentimeter tiefe Rücksitze, das mochte vielleicht noch gehen, doch bei ganz zurückgeschobenen Vordersitzen – der Verstellbereich betrug 18 Zentimeter – lag die Beinfreiheit hinten irgendwo zwischen drei und fünf Zentimetern und im Normalfall bei zwölf: »Für zwei Erwachsene und zwei Kinder ist dieses VW-Coupé dagegen Maßarbeit« resümierte das Fachblatt *mot auto journal* bei der Scirocco-Vorstellung. Richtig gut saßen die Passagiere in der ersten Reihe, gut geformte Sitze, große Fensterflächen, ein gut zugängliches und großes Kofferabteil mit einen Normal-Volumen von 347 Litern – 533 Liter bei umgeklappten Rücksitzlehnen – waren weitere Argumente, die für die Anschaffung des Zweipluszwei sprachen. Der Zug an der seitlichen Schlaufe des Rücksitzes entriegelte die Lehne, die im ganzen nach vorne klappte.

Die von Giugiaro entworfene Karosserie mit ihrer ausgeprägten Keilform und dem kurzen Stummelheck galt als außerordentlich gelungen – »ein handliches, originell karossiertes Coupé mit hervorragenden Fahrleistungen, optimalen Fahreigenschaften und einem bei Bedarf möglichst großen Kofferabteil«, lobten die Schweizer.

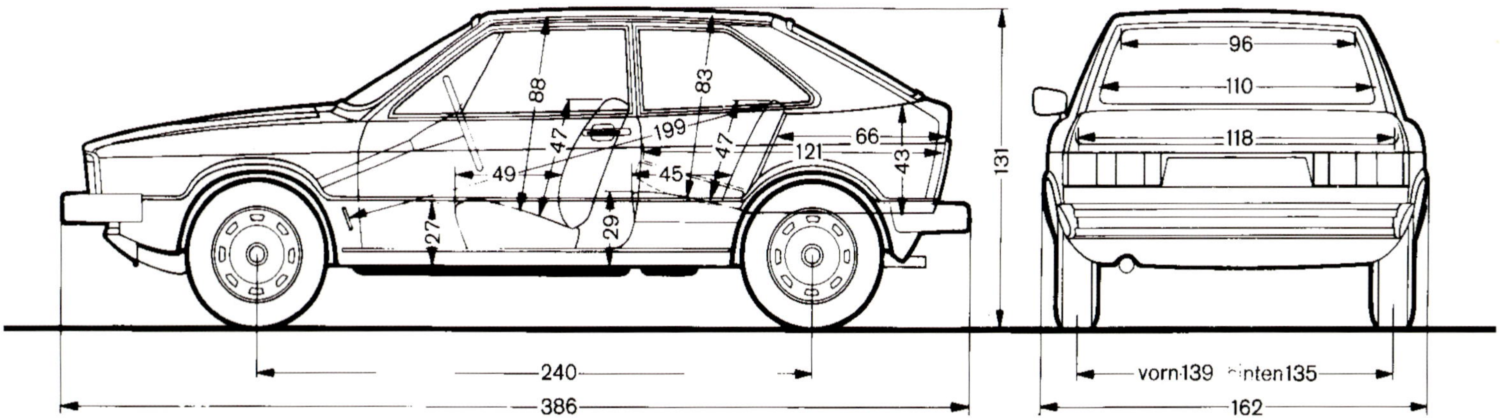

Nach heutigen Maßstäben eine nachgerade zierliche Erscheinung: Risszeichnung der ersten Scirocco-Generation, 1974.

Einsteigen bitte: Der Blick in die zweite Reihe bei einem frühen Basis-Scirocco. Sitzbezüge laut Werk bestehend aus »grobstreifigem, atmungsaktiven Cord«, Schottenkaro nur für höhere Ausstattungslinien, Kunstleder gegen Aufpreis. Wer hinten saß, hatte keine Gurte: Volkswagen sah nur die entsprechenden Befestigungspunkte vor. (Foto: Schwab / Slg. Kuch)

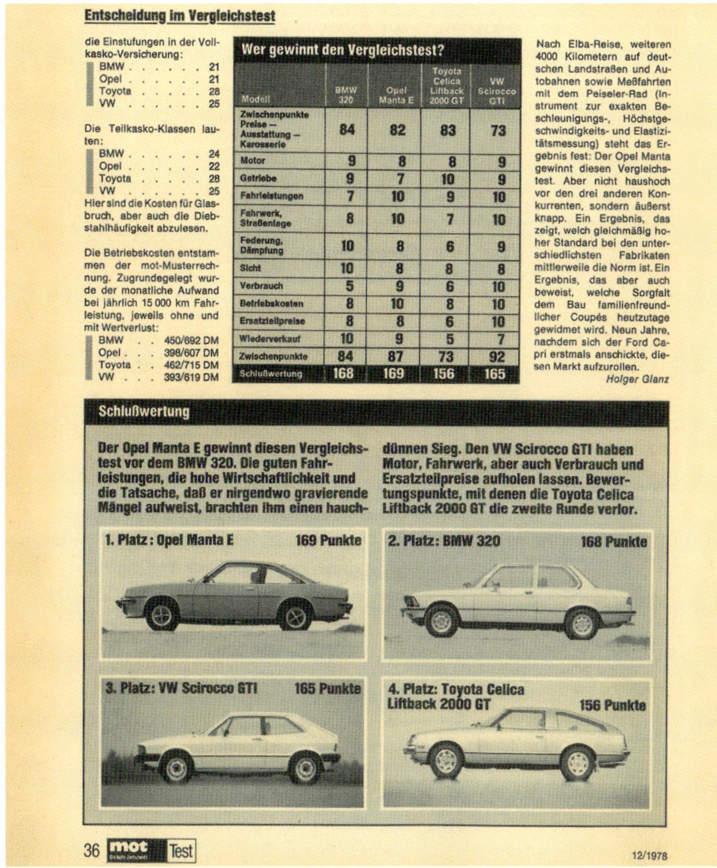

Entscheidung im Vergleichstest

die Einstufungen in der Vollkasko-Versicherung:

- BMW 21
- Opel 21
- Toyota 28
- VW 25

Die Teilkasko-Klassen lauten:

- BMW 24
- Opel 22
- Toyota 28
- VW 25

Hier sind die Kosten für Glasbruch, aber auch die Diebstahlhäufigkeit abzulesen.

Die Betriebskosten entstammen der mot-Musterrechnung. Zugrundegelegt wurde der monatliche Aufwand bei jährlich 15 000 km Fahrleistung, jeweils ohne und mit Wertverlust:

- BMW . . 450/692 DM
- Opel . . . 398/607 DM
- Toyota . . 462/715 DM
- VW . . . 393/619 DM

Wer gewinnt den Vergleichstest?

Modell	BMW 320	Opel Manta E	Toyota Celica Liftback 2000 GT	VW Scirocco GTI
Zwischenpunkte Preise – Ausstattung – Karosserie	84	82	83	73
Motor	9	8	8	9
Getriebe	9	7	10	9
Fahrleistungen	7	10	9	10
Fahrwerk, Straßenlage	8	10	7	10
Federung, Dämpfung	10	8	6	9
Sicht	10	8	8	8
Verbrauch	5	9	6	10
Betriebskosten	8	10	8	10
Ersatzteilpreise	8	8	6	10
Wiederverkauf	10	9	5	7
Zwischenpunkte	84	87	73	92
Schlußwertung	168	169	156	165

Nach Elba-Reise, weiteren 4000 Kilometern auf deutschen Landstraßen und Autobahnen sowie Meßfahrten mit dem Peiseler-Rad (Instrument zur exakten Beschleunigungs-, Höchstgeschwindigkeits- und Elastizitätsmessung) steht das Ergebnis fest: Der Opel Manta gewinnt diesen Vergleichstest. Aber nicht haushoch vor den drei anderen Konkurrenten, sondern äußerst knapp. Ein Ergebnis, das zeigt, welch gleichmäßig hoher Standard bei den unterschiedlichsten Fabrikaten mittlerweile die Norm ist. Ein Ergebnis, das aber auch beweist, welche Sorgfalt dem Bau familienfreundlicher Coupés heutzutage gewidmet wird. Neun Jahre, nachdem sich der Ford Capri erstmals anschickte, diesen Markt aufzurollen.

Holger Glanz

Schlußwertung

Der Opel Manta E gewinnt diesen Vergleichstest vor dem BMW 320. Die guten Fahrleistungen, die hohe Wirtschaftlichkeit und die Tatsache, daß er nirgendwo gravierende Mängel aufweist, brachten ihm einen hauchdünnen Sieg. Den VW Scirocco GTI haben Motor, Fahrwerk, aber auch Verbrauch und Ersatzteilpreise aufholen lassen. Bewertungspunkte, mit denen die Toyota Celica Liftback 2000 GT die zweite Runde verlor.

1. Platz: Opel Manta E **169 Punkte**

2. Platz: BMW 320 **168 Punkte**

3. Platz: VW Scirocco GTI **165 Punkte**

4. Platz: Toyota Celica Liftback 2000 GT **156 Punkte**

36 mot Test 12/1978

Enttäuschend: Das Abschneiden des GTI im großen Vergleichstest der Zeitschrift mot. Sieger wurde Erzrivale Opel mit dem gerade neu vorgestellten Manta.

WEGWEISENDE TECHNIK

Für das narrensichere Fahrverhalten zeichnete ein Fahrwerk verantwortlich, das besonders wegen seiner Hinterachse gelobt wurde: Die Verbundlenkerachse – im Frühstadium war auch eine Starrachse im Gespräch – stellte eine echte Innovation dar, hielt die ungefederte Masse gering und verband die Vorteile einer Starrachse (also Sturz- und Spurstabilität) mit denen einer Einzelradaufhängung. Der Achskörper mit T-förmigem Profil verband die röhrenförmigen Längslenker. Diese trugen die Radnaben und die Aufnahmen für die Federbeine. Die Längslenker waren per Gummilager an der Karosserie befestigt. In der Praxis hatte diese Konstruktion ein ganze Menge Vorteile. Sie war leicht, aber stabil und erforderte keinen Querstabilisator. Außerdem konnte so das Reserverad platzsparend zwischen den Hinterrädern untergebracht werden. Diese Konstruktion sorgte für eine sturz- und spurkonstante Aufhängung der Hinterräder und war, wusste *Der Spiegel* zu berichten, so gut , dass der Scirocco im engen Kurven-slalom sogar einem Porsche 911 das Nachsehen gab. Dr. Friedrich Goes, Leiter der Wolfsburger Versuchsabteilung: »Unser einsamer Knüller.« Die Verbundlenkerachse war eine Entwicklung der VW-Ingenieure Waldemar Schulz und Horst Pook, Schulz hatte sie dann zum Patent angemeldet. Dagegen geradezu konventionell fiel die Führung der Vorderräder an Dreieck-Querlenkern und Federbeinen aus. Typisch VW (oder besser Audi): Negativer Lenkrollradius und Diagonal-Zweikreisbremssystem mit Scheibenbremsen vorn und Trommelbremsen hinten.

Im unbeladenen Zustand lasten 62 Prozent des Gewichts vorne und 38 Prozent hinten, voll beladen betrug die Achslastverteilung jeweils 50 Prozent: »Ohne Zweifel zählt der Scirocco zu den bestliegenden Autos, die es gibt«, lobte *ams*: »Hohe Kurvenfestigkeit bei nahezu völlig neutralem Eigenlenkverhalten« und kaum spürbare Lastwechselreaktionen gehörten zu den weiteren Pluspunkten des relativ straffen Fahrwerks-Setups – »herzhaft rustikal«, um einen Pressebericht von damals zu zitieren.

Die Motorpalette umfasste zunächst drei Motoren. Die Basismotorisierung bildete die 1,1-Liter-Maschine der neuen kleinen Motorenbaureihe EA 111 mit 50 PS, darüber angesiedelt war der in zwei Leistungsstufen – 70 und 85 PS – erhältliche 1,5 Liter. Nach bewährter Volkswagen-Weise ließ sich dieses Angebot mit diversen Ausstattungslinien kombinieren. Der wassergekühlte 1,1-Liter-Motor mit 50 PS (Bohrung x Hub: 69,5 x 72 mm) saß quer zur Fahrtrichtung. Hier war das Grauguss-Aggregat aus Gründen der besseren Gewichtsverteilung um 15 Grad nach vorn geneigt eingebaut. Der Antrieb der dreifach im Zylinderkopf gelagerten Nockenwelle erfolgte über einen Zahnriemen, die Betätigung

Kennzeichen der GT-Ausstattung waren die Sitze mit Karomuster-Bezug. Die Automatik war neu, eine »Tauchdruckschaltung« anstelle der bisherigen »Seitendruckschaltung«, wie das Werk mitteilte.

Das Grundmodell hatte den 1,1-Liter-Vierzylinder mit 50 PS unter der Haube. Die Spitze lag, laut Werk, dann bei 144 km/h.

Flott um's Eck: Einer der ersten Scirocco GT, aufgenommen am 8. Januar 1976 während des Tests der Zeitschrift mot. Ende 1975 kam im TS der neue 1,6-Liter-Motor mit 110 PS aus dem GTI zum Einsatz. Entsprechend änderte sich auch die Ausstattungsbezeichnung. (Alle Fotos: Schwab / Slg. Kuch)

AUSSTATTUNGSKUNDE

Die 50-PS-Basisausstattung trug keinen Namenszusatz, dann kamen der L, der S (erst ab 70 PS), der LS sowie die für Sportausführungen TS. Zu dem für 11.020 Mark angebotenen 50-PS-Coupé in L-Ausstattung gehörten Stoßfänger mit Gummiauflage, Liegesitze und ein dicker gepolsterter Lenkradkranz; TS bedeutete Doppelscheinwerfer, Vordersitze mit Kopfstützen, ein Drehzahlmesser und eine Mittelkonsole. Eine Getriebeautomatik stand, ebenso wie die Verbundglasfrontscheibe, auf der Aufpreisliste. Die Serienfertigung begann in der zweiten Aprilhälfte 1974, die Tageskapazität lag, je nach Quelle, bei zwei- bis dreihundert Fahrzeugen. Sicher ist aber: Nach noch nicht einmal einem halben Jahr grüßte der Volkswagen Typ 53 – so die offizielle Bezeichnung – von ganz oben an der Spitze seines Marktsegment die veraltete Konkurrenz aus Rüsselsheim (Opel Manta) und Köln (Ford Capri).

»Ein Sportcoupé mit vielen Stärken«: Prospektaufnahme des GLI-/GTI-Cockpits in Vollausstattung. Nur das Topmodell hatte »Sitzbezüge in luxuriöser Cordqualität mit speziellem Schweißbild«, was immer man sich auch darunter vorstellen mochte.

der Ventile übernahmen Schwinghebel. Ein- und Auslassventile lagen sich gegenüber, beim großen Motor waren Ein- und Auslass auf einer Seite. Der Vierzylinder galt als Musterbeispiel modernen Motorenbaus, denn die Techniker hatten es geschafft, auf die gemeinhin übliche Nebenabtriebswelle für die Steuerung von Wasser-, Öl- und Benzinpumpe und Zündverteiler zu verzichten (und die damit verbundenen Keilriemen). Der Zündverteiler zum Beispiel wie auch die Benzinpumpe wurden direkt von der Nockenwelle aus betätigt. Die Wasserpumpe war ebenfalls in den Zylinderblock integriert, und die Ölpumpe saß direkt auf der Kurbelwelle. Nur die Lichtmaschine, montiert am Motorträger, erforderte einen Keilriemen. Gefüttert wurde der sehr kompakt bauende Langhuber mit Querstrom-Zylinderkopf von einem einzelnen Solex-Fallstromvergaser mit Startautomatik.

Der größere 827er Motor mit 75 PS hatte eine obenliegende Nockenwelle, auch hier wurde der Zahnriemen von der Kurbelwelle aus angetrieben. Die Ventilbetätigung indes erfolgte direkt über Tassenstößel. Die beim kleineren Motor vermisste Nebenwelle, hier war sie noch vorhanden: Der Zahnriemen trieb eine Abtriebswelle mit Stirnrad an, die Zündverteiler, Kraftstoffpumpe und Ölpumpe betätigte. Der Antrieb von Lichtmaschine und Wasserpumpe erfolgte per Keilriemen von der Kurbelwelle aus. Der wassergekühlte 1,5-l-Motor war um 15 Grad nach hinten geneigt eingebaut. Hier wie dort stand vor dem Motor der Kühler – übrigens das Erzeugnis eines französischen Herstellers, das durch den Einsatz von Kunststoff und Leichtmetall nur halb so viel wog als zu erwarten gewesen wäre. Mit Ausnahme des 85-PS-Aggregats begnügten sich die Motoren mit Normalkraftstoff.

Die Kraftübertragung erfolgte über eine Viergang-Mittelschaltung; ab dem 1.8. 1974, also dem Modelljahr 1975, war wahlweise ein automatisches Dreigang-Getriebe mit hydrodynamischem Drehmomentwandler und Planetengetriebe lieferbar.

DIE MODELLPFLEGE IM ÜBERBLICK

Wie beim Golf auch, entwickelte sich in den ersten Jahren ein reges Kommen und Gehen im ziemlich geräumigen Motorenabteil. Und das setzte schon ein, kaum dass die Produktion angelaufen war: Zum Modelljahr 1975 wurden der 70- und der 85 PS-Motor mit 1,5 Litern Hubraum durch ein neues 1,6-Liter-Aggregat ersetzt, wobei die Motorleistung auf 75 PS stieg. Es folgten Modifikationen an der Bremsanlage. Nach der ersten Euphorie aber stellte sich so etwas wie ein Katerstimmung ein: Das in Rekordzeit entwickelte Coupé präsentierte sich vielfach nicht ganz ausgereift und verärgerte durch zahlreiche Mängel – nichts Dramatisches, aber ärgerlich und im Rahmen einer stetigen Modellpflege ausgemerzt. Zu den Schwachstellen dieser ersten Sciroccos gehörten die schnell rostende Auspuffanlage, die – trauriges Schicksal auch der ersten Golf – Blechqualität mit früh sich bildendem Kantenrost, die leicht reißenden Gaszüge, um nur einiges zu nennen, was die TÜV-Prüfer und Gebrauchtwagentester zu bemängeln wussten.

Eine umfangreiche Modellpflege für das Modelljahr 1976 kurierte den Wirbelwind aus der Heide von den meisten Schwächen und bescherte ihm auch eine neue, wesentlich weniger nervöse

Der US-Prospekt, dem dieses Bild entnommen ist, stammt von 1975 und steht unter dem Motto: »Scirocco – The Dream Car«. Das hier war Traum Nr. 2: »You want a sports coupe, but you dont want to be cooped up«, also ein Wagen für Coupé-Käufer, die sich nicht einengen lassen wollen.

Scirocco, Sand Metallic.

Scirocco. The sports car with more luggage space than many sedans.

Few people expect the kind of room they find hidden beneath Scirocco's hatch. After all, sports cars aren't supposed to have this much luggage space. At Volkswagen, we believe that any car, sports car or not, should have plenty of room for the necessary accoutrements of your lifestyle. From large suitcases and golf bags with folding golf carts, to scuba gear and gardening supplies.

That's why Scirocco is designed to do triple duty. Weekend leisure car, workday transport, and grand touring sports car capable of extraordinary handling and performance. You can choose from two Scirocco versions. Both products of the superb body work that Karmann Coachworks have been known for since the era of the royal state coach. And both deliver driving fun matched by few other cars.

1975, im ersten vollen Verkaufsjahr, wurden in den USA 16.108 Stück des Golf-Ablegers verkauft.

Scirocco Colors and Trims:

Exterior Colors

Mars Red

Black

Alpine White

Cedar Green Metallic

Indiana Red Metallic

Cirrus Gray Metallic

Sand Metallic

Cosmos Silver Metallic

Scirocco Specifications:

ENGINE	
Number of cylinders	4
Bore x Stroke	Inches 3.13 x 3.40 Metric 79.5mm x 86.40mm
Displacement (inches/metric)	105.0/1715
Compression ratio	8.2:1
Horsepower, SAE net	74 HP @ 5000 rpm
Maximum torque, SAE net	89.6 ft. lbs. @ 3000 rpm
Fuel requirement	Unleaded fuel only
ENGINE DESIGN	
Engine block	Cast iron
Cylinder head	Aluminum alloy
Valve train	Overhead cam, spur-belt driven
Cooling system	Water-cooled, thermostatically-controlled electric radiator fan, cross-flow aluminum radiator.
Radiator	20.7 in. (525mm) wide

ELECTRICAL SYSTEM	
Rated voltage	12V
Alternator output	14V/65 Amps (max.) 910 Watts (max.)
Battery	12V/45 Amp/hr 12V/54 Amp/hr with factory air
Ignition	Electronic, breakerless
Fuel/Air supply	Continuous Injection System (CIS)
CHASSIS AND SUSPENSION	
Front suspension	Independent, MacPherson struts Negative steering roll radius.
Rear suspension	Independent stabilizer axle with coil/shock absorber struts.
Chassis	Unitized body/chassis, bolt-on front fenders, two-plus-two seating, two-door sports hatchback.
PERFORMANCE	
0-50 mph	8.2 sec.
Maximum speed	99 mph
Fuel consumption*	(25) estimated mpg. 40 estimated highway mpg

10

Die Verkaufszahlen blieben hoch, 1981 traten 17.043 Scirocco ihren Weg nach Übersee an.

Die erste Scirocco-Generation verkaufte sich erfreulich gut, trotz des Desasters mit dem »Rabbit«. Der war nämlich zu sehr amerikanisiert worden. Der Scirocco dagegen stand für »german engineering«.

»Volkswagen hat es schon wieder getan«: Rabbit, Dasher und Scirocco in einer Gesamtübersicht von 1978. Der Scirocco hat schon die Facelift-Stoßfänger.

Prospekt-Doppelseite für den GT, der nett geschminkten Luxus-Variante des Scirocco. Stoßfänger und Blinkleuchten verraten: Hier wird für ein Coupé vor dem Modelljahr 1977 geworben. Es gab sechs Varianten mit drei Motoren.

Im Werk ausgestellt: Ein Vorserienexemplar des Scirocco-Sondermodells SL mit typischen Accessoires. Daneben gab es auch ein zweites, schwarzweißes Sondermodell. (Foto: Stiftung AutoMuseum Volkswagen)

Lenkabstimmung, eine Erhöhung der Zuladung, neue, bequemere »Vollschaumsitzen« mit integrierten Kopfstützen und einen statt der bisherigen zwei Scheibenwischer.

Dennoch fiel der Volkswagen in der Beliebtheitsskala deutlich zurück, was aber, laut der *auto zeitung*, mit daran lag, dass über die Hälfte der rund 300 arbeitstäglich gebauten Scirocco in den Export ging. Und zur IAA 1975 hatte Opel den neuen Manta präsentiert, was den Druck auf den Scirocco weiter erhöhte.

Im Juni 1976 ging der 1,6 Liter mit 85 PS schon wieder in Rente, das neue Topmodell hieß GTI und hatte den Einspritzer mit 110 PS. Der 75-PS-1600er wich 1977 dem Normalbenziner mit wieder 1.500 Kubikzentimeter Hubraum, dieser Wechsel kostete aber wieder fünf PS. Dafür war der neue Motor erheblich leiser. Zum Modelljahr 1978 kam dann ein sparsames Facelifting, das mit Änderungen an der Stoßstangen und an der Frontpartie einher ging. Im nächsten Jahr rückte dann wieder ein 1,6-Liter-Motor mit 85 PS ins Programm: Insgesamt standen für den Scirocco im Laufe seiner Bauzeit mehr als ein Dutzend Motoren zur Verfügung, die sämtlich dem Golf- beziehungsweise Passat-Programm entstammten.

Nur in der GT-Version (GTi) war der Scirocco so sportlich, wie seine Optik verhieß. Der 2+2-Sitzer mit Bosch-Einspritzmotor hatte die Qualitäten eines echten Sportwagens. Serienmäßig war das Coupé mit Halogenscheinwerfern, Doppelhorn, Drehzahlmesser, Sportlenkrad und einer Mittelkonsole ausgestattet. Innenbelüftete Scheibenbremsen und Gürtelreifen gehörten ebenso zum Serienumfang wie vordere und hintere Stabilisatoren. Auffallend war auch der größere Bugspoiler. Der GTi kostete im Dezember 1976 DM 16.125,- (und kurz darauf bereits 16.931,-), die etwas luxuriöser ausgestattete Variante GLi (Metallic-Lackierung, Scheiben mit Bronzetönung) DM 16.795,- (und dann DM 17.637,-). In punkto Haltbarkeit von Mechanik und Karosserie erwies sich der Scirocco als typischer Volkswagen, auch die Ersatzteilpreise bewegten sich auf entsprechendem Niveau. Eine Ausnahme bildeten die Karosserieteile, diese waren für den Sport-VW teurer. Im Vergleich zu Opel und Ford konnte sich in Tests der VW aber nicht entscheidend absetzen, trotz seiner wesentlich moderneren Konzeption. Zu den absoluten Pluspunkten des GTI gehörten die vorzüglichen Sitze – das Sportgestühl stammte von Recaro –Vorzügen, in punkto Fahreigenschaften auf abgesperrter Rennstrecke sahen die Redakteure von *sport auto* den Manta vorne, während der VW

Das zweite deutsche Scirocco-Sondermodell war der »Schwarz und Weiß«. Er kam im Mai 1977 in 2000 Exemplaren, stets mit 75 PS-Motor. (Foto: Archiv Storz)

Weitere Varianten der Studie mit unterschiedlicher Ausführung der Heckleuchten. Geblieben war die Lancia-Ähnlichkeit. Mitte 1977 fiel die Entscheidung für den Wolfsburger Designentwurf. (Foto: Stiftung AutoMuseum Volkswagen)

die Motorwertung für sich entschied. Am meisten Spaß – »ohne jedweden Ehrgeiz«, wie es im Test hieß – machte aber der Capri, der mit seiner hinteren Starrachse konstruktiv noch tief in den Sechzigern verwurzelt war. Letztlich lag zwar in der Summe seiner Eigenschaften der VW leicht vorne, doch weil er mit DM 16.125,- bei weitem der teuerste des Testtrios war und »optisch verdammt wenig« bot, kannte dieser Test keinen klaren Sieger.

Nur für die USA für 1980 entstand der Scirocco auch mit 1,8-Liter-Diesel-Motor; 1981 kam ein 1,7-Liter zum Einsatz, dann serienmäßig in Verbindung mit einem Fünfgang-Getriebe.

Giugiaro stellte bereits 1975 eine erste Studie zum Scirocco II vor. Die Optik erinnerte stark an den Scirocco I, Sicke und Türgriffe rufen laut nach Lancia. (Foto: Stiftung AutoMuseum Volkswagen).

DIE KONKURRENZ

Ford Capri

Lange Schnauze, kurzes Heck – das war, in Kurzform, die Geschichte des Ford Capri, dessen technisches Konzept sich in seiner gesamten 18-jährigen Bauzeit nicht wesentlich verändern sollte. Sein Standard-Layout mit Frontmotor und Heckantrieb disqualifizierte ihn im Grunde genommen schon als Konkurrenz für den modernen Scirocco, und das sahen auch die Wolfsburger so. Gut, ob nun das Designkonzept so viel »männlicher« (O-Ton Volkswagen) war als das des Capri, war Ansichtssache, denn mit dem Wechsel zum Capri II im Februar 1974 änderte sich das »verspielte« Styling. Mit der neuen glattflächigen Karosserie ohne sinnloses Blechgefältel und der noch größeren Heckklappe war der Capri durchaus ein ernstzunehmender – und günstiger – Konkurrent geworden. Nur an den bekannten Schwächen wie der schwergängigen Lenkung, dem großen Wendekreis und dem Fahrverhalten auf schlechten Strecken hatte sich nichts geändert. Beim Thema Verarbeitung (auch da sah sich VW im Vorteil) allerdings sollte sich erweisen, dass man in Wolfsburg zu früh die Steine ausgepackt hatte: Man saß anfangs selber im Glashaus, wie spätere Kaufberatungen beweisen sollten.

Auch R15/R17 hatte VW bei der Scirocco-Entwicklung im Auge. In den Abmessungen innen wie außen schenkten sich VW und Renault nichts, der VW war aber im Unterhalt viel günstiger. (Foto: Schwab / Slg. Kuch)

Fiat 128 Coupé

Der erste Fiat mit Frontantrieb, 1969 vorgestellt und bis 1980 gebaut, entwickelte sich rasch zum Bestseller. Die unglaublich umfangreiche Modellfamilie umfasste auch ein zweitüriges Kombicoupé mit Heckklappe, das am ehesten als Scirocco-Konkurrent betracht werden musste. Dem sehr guten Fahrwerk – Einzelradaufhängung rundum, hinten an Querblattfeder – und den günstigen Kosten standen, zumindest bei jenen Bauserien, welche die Golf-Konstrukteure bei der Entwicklung als Referenz dienten, eine auch nach damaligen Maßstäbe erschütternde Unzuverlässigkeit gegenüber. Ständig machte die Elektrik Ärger: Die Zündanlage bei diesem »Auto des Jahres 1969« war so platziert, dass sie bei nasser Witterung eine Dusche erhielt. Und die Abdichtung war nicht besonders gut ... Vor 1972, so berichten zeitgenössische Kaufberatungen, konnte von einer wirkungsvollen Rostvorsorge keine Rede sein. VW sah für sein Coupé noch weitere Vorteile: Größerer Innen- und Gepäckraum, logischere Bedienung und höhere Zuladung.

Opel Manta

Der im September 1970 vorgestellte Publikumsliebling aus dem Hause Opel war nach Testermeinung bis zum Erscheinen des Scirocco das beste deutsche Coupé und ein überaus solides Angebot. Wie der Scirocco sich Technik und Bodengruppe mit dem Golf teilte, nutze Opel beim Manta die Ascona-Plattform und damit bekannte, tausendfach bewährte Komponenten aus dem großen GM-Technikbaukasten. Damals noch durchaus üblich war die Kombination aus Einzelradaufhängung mit Schraubenfedern vorn und hinterer Starrachse an Längslenkern mit Panhardstab. Zu den Vorzügen gehörte das gute Raumangebot, der übersichtliche und gut durchdachten Kommandostand und ein – trotz hinterer Starrachse – gutes Fahrverhalten. Dazu kamen genügsame, sehr robuste Motoren und ein guter Wiederverkaufswert. Eindeutig war der Manta derjenige, den es zu schlagen galt: »Trotz geringerer Außenabmessungen bietet der Scirocco nahezu den gleichen Innenraum. Sein kraftvoll-männliches Styling hebt sich deutlich von dem des limousinenhaften Manta ab...«

Der VW Junior Cup startete nur in seinem ersten Jahr auf Scirocco. Der Anstoß zu dieser Veranstaltung kam von den drei deutschen Motorsportzeitschriften, die sich zu einer Initiative zusammengeschlossen hatten. (Foto: VW Motorsport)

In der amerikanischen Trans-Am-Serie fuhren zwei Scirocco mit, was sich auch in der Werbung niederschlug.

DIE RENN-SCIROCCO

Volkswagen und Motorsport – das war ein weites Thema; das aber mit Werksunterstützung erst ab 1966, als Nordhoff die Gelder bewilligte, um eine Formel V in Europa heimisch zu machen, bespielt wurde. Die bislang auf die Formel V ausgerichtete Motorsport-Abteilung des Konzerns mit Sitz in Hannover war auch maßgeblich mit daran beteiligt, dass die Scirocco das Laufen lernten.

Die Siebziger waren ziemlich spaßfreie Jahre für Motorsportler: Kaum Veranstaltungen, keine geeigneten Fahrzeuge – traurig, und daher sannen diverse Fachblätter wie die Zeitschrift sport auto in Stuttgart auf Abhilfe: »Den Anstoß ... gab eigentlich die Idee, endlich mit chancengleichen und preisgünstigen Straßenautos in Deutschland Motorsport zu verwirklichen.«

Erste Wahl war zunächst der BMW 2002, da aber der BMW-Motorsportchef nichts davon wissen wollte, sprachen die Sportenthusiasten im Oktober 1975 bei Volkswagen vor, wo man ebenfalls zunächst zögerte: Eine Kleinserie von 50 Fahrzeugen schien mehr Arbeit zu machen als Nutzen zu bringen, zumal es zu diesem Zeitpunkt offiziell nur den 85-PS-Scirocco gab. Der Bau wurde dann über die in Brüssel angesiedelte VW-Tochter realisiert, wobei den Machern zugute kam, dass im Februar 1976 für Japan und USA die Produktion von Scirocco-Einspritzern anlief. Der neue Breitensportler verfügte über diverse aerodynamische Anbauteile von Zender, Recaro-Sportsitze, ein Sportfahrwerk, eine Verbundglasscheibe, Pirelli-Breitreifen des Formats 195/50 auf neu-

Die Cup-Scirocco trugen ursprünglich eine schwarze Einheitslackierung, nur das Dekor samt farbiger Schnauze sorgte für Unterschiede. Es ging kräftig zur Sache. (Foto: VW Motorsport)

en 15-Zoll-Leichtmetallrädern von ATS, einen Überrollbügel von Matter, ein Sportlenkrad von Petri, ein Cockpit mit VDO-Uhren für Öltemperaturen und Öldruck.

Herzstück war der neue 110-PS-Motor aus dem Audi 80 GTE; dieser blieb weitgehend unangetastet, erhielt aber eine verbesserte Kühlung, die Bremsanlage wurde mit innenbelüfteten vorderen ATE-Scheibenbremsen und speziellen Bremsbelägen auf den Rennbetrieb vorbereitet. Vorne kamen Sachs-Zweirohr-Stoßdämpfer zum Einsatz und hinten Sachs-Gasdruckstoßdämpfer sowie ein Hinterachsstabilisator, und die Lenkung wurde noch einen Ticken direkter abgestimmt: »Giert regelrecht in die Kurven, ohne dabei auf Lastwechsel unangenehm zu reagieren«, schrieb *sport auto* von seinen ersten Erfahrungen, lobte das unproblematische Kurvenverhalten, legte eindrucksvolle Drifts hin und fand im Slalomparcours »den VW endlich von seinem eigenartig einknickenden Mitlenken der Hinterachse geheilt.«

Der Cup-Scirocco blies in 9,7 Sekunden auf 100 km/h und schaffte eine Spitze von knapp 186 km/h. Vor allem aber, und darauf waren seine Erbauer besonders stolz, baute der Scirocco höhere Querbeschleunigungskräfte auf: 1 g erzielte der Cup-Prototyp, 0,875 g der serienmäßige GTI-Prototyp: Der Bericht spricht von »ehrfürchtigem Staunen der VW-Entwickler«.

Von den 50 zunächst in einheitlichem Schwarz lackierten Cup-Scirocco wurden 40 beziehungsweise 45 zum Stückpreis von 15.500 Mark verkauft, die anderen blieben als Reserve. Der erste Lauf des nunmehrigen VW Scirocco Junior Cups erfolgte im April auf dem kleinen Kurs von Hockenheim. Er entwickelte sich zum Debakel, denn die spitze Fahrwerksabstimmung überforderte die meisten der Cup-Debütanten: Schon in der zweiten Schikane »stapelten sich mehrere Scirocco neben- und übereinander«, so Rainer Braun von der Schweizer *motorsport aktuell,* denn der Cuprenner war zur Heckschleuder mutiert: Die von dem Motorsport-Journalisten, einem engagierten Quertreiber, vorgenommene Abstimmung hatte den Fronttriebler in eine kapriziöse Heckschleuder verwandelt, die nach einer kundigen Fahrerhand verlangte. Die Abstimmung wurde in der Folge entschärft, den Pokal für den Gesamtsieg durfte der Routinier Willi Bergmeister mit nach Hause nehmen, der dreimalige Gewinner Manfred Winkelhock, der dieses denkwürdige erste Rennen in Hockenheim gewonnen hatte, startete danach als BMW-Werksfahrer die ganz große Karriere. Der VW-Junior-Cup wechselte nach acht Rennen und nur einem Jahr vom Scirocco auf den Golf GTI, damit wurde dann bis 1982 gefahren.

Auch in den USA, dem wichtigsten VW-Absatzmarkt, traten Renn-Scirocco bei Rundstreckenrennen an. Treibende Kraft dahinter war Bill Scott, ein VW-Händler aus Chicago, der 1975 mit

Der Umbau erforderte eine geänderte Heckklappe, ein verlängertes Dach und entsprechend neu gestaltete Seitenteile und –scheiben. (Foto: Olaf Schrader)

Seltener Vogel: Der Sciwago vom Autohaus Nordstadt, aufgenommen Anfang der 2000er in der Peripherie von Hannover. (Foto: Olaf Schrader)

Der ABT ist da: Die Firma Abt im Kempten gehörte zu den bekanntesten VW-Tunern. Der Scirocco mit Schrick-Turbo und einem Hubraum von 1.715 Kubik entwickelte 162 PS bei 5.600 U/min und rannte 210 km/h. (Foto: Abt)

Unterstützung des amerikanischen VW-Importeurs zwei Fahrzeuge für die TransAm-Serie aufbauen ließ. Die beiden Fahrzeuge wurden für den Start in der Gruppe 1 – bis zwei Liter Hubraum – präpariert. Der Wagen mit der Nummer 42 verunglückte schwer, der Wagen mit der Nummer 43 ging nach der Saison an den VW Importeur, der ihn nach der Saison bei diversen Ausstellungen als Blickfang nutzte.

RARITÄTEN UND SONDERSERIEN

Als Giugiaro den Scirocco entwarf, war ein Cabriolet kein Thema, zu groß war die Skepsis gegenüber einem offenen Modell, das aufgrund der US-Sicherheitsgesetzgebung ohne Überrollbügel praktisch unverkäuflich zugewesen wäre. Daher wurde seitens des Werks nie ernsthaft darüber nachgedacht, das Coupé zu skalpieren. Das haben dann, mehr oder weniger gelungen, in den flexfreudigen Achtzigern kleine Karosseriebauer erledigt, gerne auch für den Feierabendbastler.

Zu den größeren gehörte Bieber-Cabrio in Borken. Am Anfang standen Buggies auf Käfer-Basis, der luftgekühlte Krabbler ließ sich dank des Pattform-Rahmens viel leichter umbauen als ein Wagen mit selbsttragender Karosserie wie es der Scirocco war. Auf Wunsch nahm Bieber auch den Rohumbau vor, die zeitaufwändigen Vorarbeiten wie den Abbau der Seitenverkleidungen oder das Herausnehmen der Bodenteppiche sollten besser schon im Vorfeld erledigt werden. Scirocco-Cabrios bot auch Ostermann-Germer in Kürten-Dürscheid an, die Umbausätze kosteten in der Regel zwischen 4000 und 6000 Mark. Den umgekehrten Weg ging dage-

Ihn dürfte es eigentlich gar nicht geben: den Scirocco Turbo, den letzten Überlebenden der geplanten Kleinserie. Von außen nicht zu erkennen, hatte ihn der heutige Besitzer ursprünglich als Ersatzteilträger erworben wegen der kompletten Innenausstattung samt Klimaanlage, bis sich herausstellte, dass das hier der »Heilige Gral« für alle Rocco-Fans ist. Noch nicht einmal das Werk besitzt einen Turbo. Der Wagen war ursprünglich in »Platinmetallic« lackiert. (Foto: JF)

»Spoiler-Tuning« hieß das, was Kamei und andere in den späten Siebzigern Tuning-begeisterten VW-Fahrern anboten. Die Welle hatte der Scirocco und mehr noch der GTI losgetreten, und der erste BMW 3er. (Foto. Archiv Storz)

gen das Autohaus Nordstadt in Hannover. Geschäftsführer Günter Arzt, der mit zum Beispiel Porsche 928-Technik in einen Golf GTI steckte, legte auch Hand an und ließ mit viel GfK und Spachtelmasse den Sciwago vom Stapel, den »Scirocco Station Wagon«.

Zwischen 1978 und 1981 dürften 52 Scirocco-Kombis gebaut worden sein, nach anderen Quellen waren es 69 Exemplare. Ein Großbrand in dem Autohaus zerstörte alle Unterlagen und Werkzeuge. Von vorne sah der Sciwago aus wie ein normaler Scirocco, ab der B-Säule begannen die Änderungen. Ab da war praktisch alles Handarbeit, auch die Heckklappe war nicht von der Stange. Dabei litt die Qualität, Maßhaltigkeit gehörte nicht zu den Tugenden des Nordstadt-Sciroccos. Der Umbau soll rund 10.000 Mark gekostet haben, in der Regel mit GTI-Motor. Es gab dann auch einen Scirocco Pick-up, während Nordstadt noch weitere wilde Kreationen auf Jetta-, Golf- und Audi-Basis realisierte. Später hat sich Arzt von Nordstadt getrennt und in der Nähe ein eigenes

Opel-Autohaus eröffnet. Dort hat er dann weitere spektakuläre Tuning-Projekte realisiert, zum Beispiel einen Corvette-V8 in einen E-Kadett verpflanzt.

Geplant, aber nie in Serie ging der Turbo-Scirocco. 1977 wurden 26 Turbo-Scirocco in der Versuchsabteilung aufgebaut, von denen wiederum 17 ausbrannten. Die Entwicklungsarbeiten gingen aber weiter, im Frühjahr 1979 dachte man darüber nach, 2000 Exemplare für den US-Export zu bauen. Der 1,6-Liter-Motor mit der Kennung EL, so berichtete die *Süddeutsche Zeitung* 2008, leistete 122 PS, wobei die Gemischaufbereitung über Vergaser erfolgte. Nachdem die Probleme mit der Vergaser-Abdichtung gelöst worden waren, entstand bei Karmann tatsächlich eine Nullserie von 50 Turbo-Fahrzeugen. Eine Serienfertigung erfolgte aber nicht mehr, alle Turbos wanderten in die Schrottpresse. Zwei Fahrzeuge aus dieser Null-Serie gingen als Versuchsträger in die Aggregateentwicklung. Der eine, im Juni 1979 dort eingebucht, ist aus welchen Gründen auch immer der Verschrottung entgangen und wurde auf einen Vergaser-Motor zurückgerüstet. Er gelangte 1992 in die Hände eines Scirocco-Enthusiasten, der ihn bis zur letzten Schraube originalgetreu restaurierte. Nur das Problem mit dem Lader ist noch nicht gelöst, es gibt keine Ersatzteile. Falls also jemand über solche verfügt, bitte melden!

Um den Spoiler anzubringen, musste in's Blech gebohrt werden – Gammel war vorprogrammiert. (Foto: Kamei)

Wiewohl der Scirocco sich nicht unbedingt als Cabriolet anbot: Ab Werk daran gedacht hat man schon. Diese Skizze aus dem Archiv dürfte um 1975 herum entstanden sein. (Foto: Stiftung AutoMuseum Volkswagen)

Es waren die Achtziger, da hatten die Trennscheiben Hochkonjunktur: Bieber verwandelte den Scirocco in ein Cabriolet. (Foto: Bieber)

Laue Lüftchen

Keine Frage, die von 1974 bis 1981 gebaute erste Scirocco-Generation war ein meisterlicher Wurf aus der Feder des Automobildesigners Giorgetto Giugiaro gewesen, doch auch Ikonen altern. Dieser kantige Siebziger-Jahre-Typ wirkte zum Ende des Jahrzehnts nicht mehr so richtig taufrisch, und die neuesten Erkenntnisse in punkto Aerodynamik waren auch spurlos an ihm vorübergestrichen: Ein cW-Wert von 0,42 war nicht mehr zeitgemäß. Der neue kam auf einen Luftwiderstandbeiwert von 0,38 – um Welten besser, und gerade recht zu einer Zeit, in der die Benzinpreise nur eine Richtung kannten; aufwärts. 1974 lag der Durchschnittspreis für einen Liter Superkraftstoff bei 90,4 Pfennigen, 1981, zum Zeitpunkt der Markteinführung der Nachfolgegeneration, bei 1,43 Mark.

ALTER WEIN, NEUE SCHLÄUCHE

Bereits 1977 wurden die ersten Eckwerte für den Scirocco-Nachfolger erarbeitet. Im Lastenheft standen eine komplett neue Karosserie samt neuem Armaturenbrett, mehr Platz und ein bei höheren Geschwindigkeiten weniger nervöses Fahrverhalten. Das Projektteam für den EA 491 legte gehörig Tempo vor, erste Stylingentwürfe waren noch im Herbst 1977 zu sehen, die Markteinführung wurde für den Herbst 1980 festgesetzt. Diverse Last-minute-Änderungen führten dazu, dass der Einsatztermin ins nächste Jahr verschoben werden musste, wobei einmal mehr die permanent ansteigenden Kosten ihren Anteil daran hatten.

Das neue, windschnittige Design stammte aus dem Wolfsburger Studio, in Form gebracht vom Volkswagen-Chefstylisten Herbert Schäfer, dessen Entwurf sich gegen die von Giugiaro vorgelegte Lösung durchsetzte. Zu den großen Vorzügen der neuen Linie gehörte die deutlich verbesserte Aerodynamik. »Es wäre unlogisch«, so Paul Frere in der englischen *Motor Week*, »wenn ausgerechnet das sportlichste Auto von VW den schlechtesten Luftwiderstandbeiwert« aufwiese, daher waren die langen Stunden im VW-Windkanal durchaus nicht vergebens. Dem Wind geschuldet war auch der nicht unumstrittene Heckspoiler im unteren Drittel der Heckscheibe, der einerseits den Abtrieb an der Hinterachse laut Werk um 60 Prozent verringerte, andererseits aber durch seine Gestaltung eine Verschmutzung der Heckscheibe wirkungsvoll verhinderte und den (optionalen) Heckscheibenwischer überflüssig machte: »Macht er effektiv«, so Frere. Der neue Frontspoiler verringerte den Auftrieb an der Vorderachse um 30 Prozent.

Bei unveränderter Fahrzeugbreite und identischem Radstand hatte Schäfer eine glattflächige, 165 Millimeter längere Karos-

Keilförmiger, aber weniger kantig: Das Stylingkonzept des Scirocco II erforderte stärkere Karosserieeinzüge, ein höheres Heck und der Verzicht auf Regenleisten.

Der Scirocco im Akustik-Labor als Titelheld auf einer Broschüre der Abteilung Forschung und Entwicklung: VW hat aber erst 2004 ein großes Akustikzentrum in Betrieb genommen, mit zwei Allrad-Rollen- und zwei Motoren-Prüfständen sowie einem Rollgeräusch-, einem Aggregate- und einem Fenster-Prüfstand.

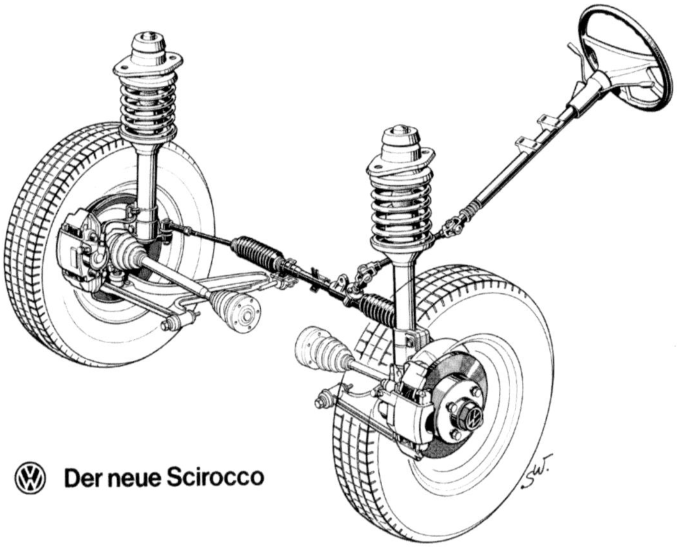

Die Vorderachse mit Sicherheitslenksäule stammte …

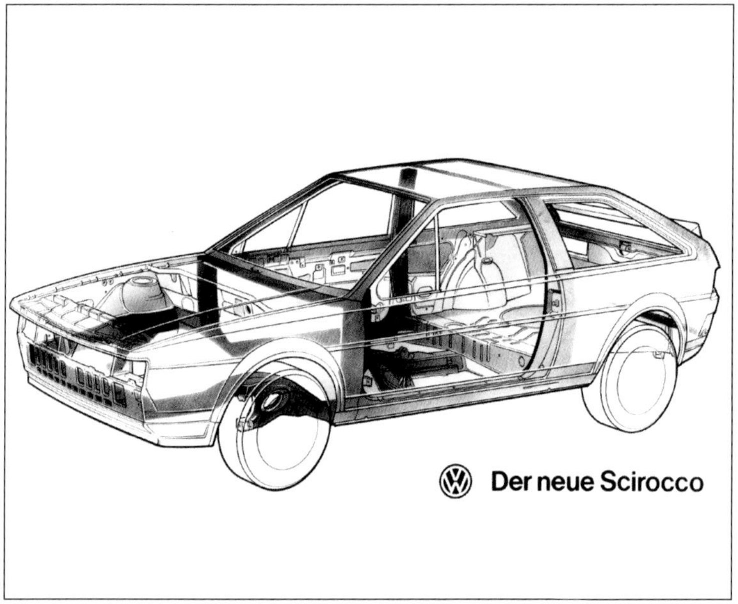

Die Sicherheitszelle des Scirocco mit der großen energieverzehrenden Bugzone und definierten Lastpfaden zur Aufnahme der kinetischen Energie.

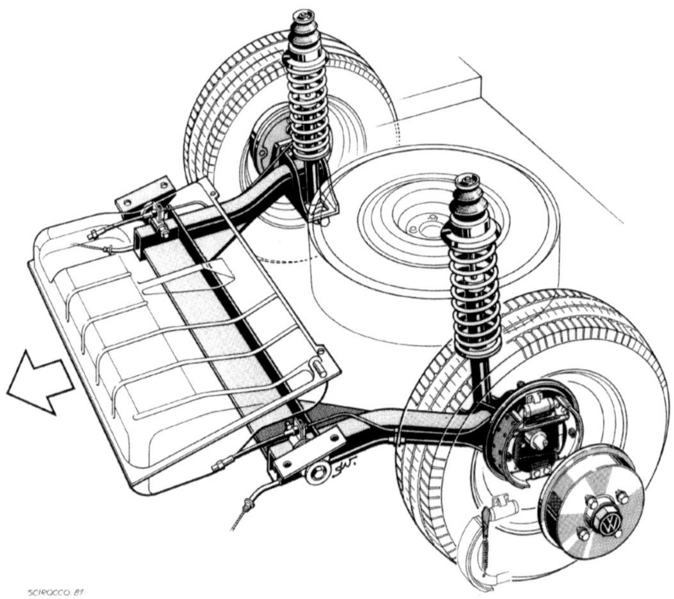

… ebenso wie die Hinterachse mit Benzintank vom Vorgänger: »Ein Fahrwerk, an dem alles stimmt, braucht nicht geändert zu werden«, erklärten die Wolfsburger.

serie gezeichnet, die dem Zeitgeist entsprach, aber nicht unumstritten war. Immerhin: Das VW-Leib-und Magenblatt *Gute Fahrt* traute ihm ein »ausgeprägtes Überhol-Prestige« zu und lobt die aerodynamische, glatte Keilform mit flach geneigter Windschutzscheibe und breiter B-Säule samt aerodynamisch hoher Heckkante. Viel filigraner ausgefallen als beim Giugiaro-Scirocco war die C-Säule, deutlich zugelegt hatte indes das Platzangebot. Die Kopffreiheit wuchs vorne (10 mm) wie hinten (18 mm), und die Ellenbogenfreiheit auch, weil die neuen Tür- und Seitenverkleidungen in Ellenbogenhöhe ausgeformt waren und die Ellenbogenfreiheit verbesserten. Ein Raumwunder war der Scirocco damit aber nicht geworden, zumal die Tiefe der Rücksitzbank gleichzeitig verringert wurde, daher blieb in Sachen Beinfreiheit hinten alles so wie gehabt: »Auf den Hintersitzen auch des neuen Scirocco fühlen sich nur Kinder wirklich wohl«, so die Schweizer *AR*, »auch wenn sie jetzt ein kleines bisschen grösser sein dürfen als beim Vorgänger.«.

Von den Mehr-Millimetern in der Länge kamen alle 93 dem Kofferraum zugute. Laut Werk wuchs dessen Fassungsvermögen um 74 Liter, laut Messungen von *auto motor und sport* (deren Messmethoden von der VDA-Norm, welche der Konzern zugrunde legte, abwich) waren es 28 Liter. Wie gehabt, war die Rücksitzleh-

Der Scirocco in GL-Ausführung, verfremdet durch den für viele Fotoabzüge jener Jahre typischen Gelbstich, in seidenmatter Ausführung ein wahrer Alptraum für Chronisten. In der Regel waren bis weit in die Neunziger hinein die Pressfotos schwarzweiß.

ne umklappbar. Die Rest-Millimeter wanderten in den vorderen Überhang, verbesserten die Aerodynamik wie auch die vordere Knautschzone. Die Fensterflächen hatten um 20 Prozent zugelegt und boten eine bessere Rundumsicht, etwas aerodynamischer Feinschliff hier, klug geformte Schürzen und Spoiler dort; eine schwarz mattierte B-Säule und an den Kanten schwarz verblendete Radausschnitte setzten optische Akzente.

Unter der aerodynamisch ausgetüftelten Karosserie steckte die – neu abgestimmte – Golf-I-Technik, das heißt also Federbein-Vorderachse an Dreiecksquerlenkern mit negativem Lenkrollradius, hinten die Verbundlenkerachse aus T-Profil Achsträgern mit Rohrlenkern, Federdämpfern und selbstnachstellende Trommelbremse sowie unverändertem Radstand. Einen Stabilisator gab es vorn wie hinten nur bei den 110-PS-Topmodellen.

Die Markteinführung des auf elegant getrimmten sportlichen Golf-Ablegers erfolgte dann im Mai 1981; die Presse hatte den Scirocco zwei Monate zuvor an der Cote d'Azur fahren und testen können.

LEISER, STABILER – UND AUCH SCHWERER

Dem ausgeprägten Bemühen um Leichtbau war es zu verdanken gewesen, dass der erste Scirocco ein relativ hohen Innengeräuschpegel aufwies, einer der vordringlichsten Punkte im Lastenheft der Neuauflage bestanden darin, in diesem Punkt Abhilfe zu schaffen. Zu den Schallschutzmaßnahmen gehörten eine Isolation der Stirnwand, die Dämmung von Türen, Seiten und Hauben sowie Änderungen an Getriebe und Auspuffanlage.

Nicht unbedingt der verbesserten Aerodynamik, sondern eher

Im Bild: Der Scirocco GTI. Heckscheibenwischer,* Autoradio, Leichtmetall-Räder, Beifahrer-Außenspiegel. Mehrausstattungen gegen Aufpreis.

Hinein ins Vergnügen: zwei und zwei und 414 Liter Gepäck.

Der neue Scirocco ist etwas länger und innen geräumiger. Er hat Platz für vier. Wir haben die Armlehnen in die Seitenverkleidungen eingeformt, damit Sie mehr Bewegungsfreiheit haben. Wir haben die schönen Vollschaumsitze körpergerecht geformt, damit Sie auf längeren Strecken nicht so schnell ermüden.

Die wichtigsten Instrumente und Schalter der Armaturentafel haben wir im Lenkradbereich konzentriert. Für die richtige Belüftung sorgt eine Frischluftanlage mit dreistufigem Gebläse. Den Gepäckraum können Sie über die Heckklappe mit dem großen Fenster bequem erreichen und da jetzt viel mehr unterbringen: er ist 74 Liter größer.

Sie können den neuen Scirocco in drei Ausführungen bekommen, als L, GL und GT. Der Unterschied liegt in der Ausstattung. Aber selbst das L-Modell hat mehr, als man zum Fahren braucht: Nebelschlußleuchte, Wisch-Wasch-Automatik, Bremskraftregler, beheizbare Heckscheibe und vorne Liegesitze.

Die exklusive GL-Ausstattung hat außerdem Halogen-Breitbandscheinwerfer, Nebelscheinwerfer, Drehzahlmesser und Digitalzeituhr, höhenverstellbare Vordersitze, Sportlenkrad, farblich abgestimmte Armaturentafel, eleganten Teppichboden u.v.a.m. Die sportliche GT-Ausstattung hat Halogen-Doppelrechteckscheinwerfer, höhenverstellbare Sportsitze, ein Ölthermometer in der Mittelkonsole, den Scirocco-Schriftzug auf der Heckscheibe u.v.a.m.

Und wenn Sie noch das eine oder andere Extra haben wollen, bitte: Da gibt es zum Beispiel eine Stereoanlage und vieles andere mehr.

*Bitte fragen Sie Ihren V.A.G Partner nach dem Einsatztermin.

Alles neu, alles größer: Der Scirocco hatte, trotz unveränderter Innenabmessungen, mehr Platz vorne und hinten und auch mehr Kofferraum, doch, so die Pressemappe: »Ein großer Teil der Autofahrer braucht Transportkapzität für 4 bis 5 Personen und viel Gepäck. Für sie ist der Scirocco nicht gebaut.«

den verringerten Windgeräuschen fielen auch die konventionellen Regenleisten zum Opfer. Die Türausschnitte reichten nun hoch ins Dach, die Flansche, die Seitenteil und Dach miteinander verbanden, wurden durch ein Leiste abgedeckt; ein sogenanntes Wasserabweisprofil im Türausschnitt sollte verhindern, dass beim Öffnen der Tür die Hose nass wurde. Laut Messungen des Werks sanken die Lärmpegel im Innern zwischen drei und sechs Dezibel, was »auch bei höheren Geschwindigkeiten eine angenehme Unterhaltung und ungestörtes Radiohören« ermöglichte (Automobiltechnische Zeitschrift). Paul Frere konnte das nur bestätigen: »Stressfreies Fahren – und mit hörbarem Radio – auch im Bereich 180 bis 190 km/h«, notierte der ehemalige Le Mans-Gewinner. Überhaupt fand er viel Positives zu berichten, nur die Lichtausbeute war seiner Meinung nach völlig ungenügend, H4-Lampen hin oder her. Und selbst bei den mit Doppelscheinwerfern bestückten GT, GLi und GTi-Varianten war das kaum besser. »Beim sportlichs-

Laut der amerikanischen Car and Driver **vom Mai 1990 war das Golf-Cabriolet der beste Kauf im Vergleich, und die amerikanische** Vanity-Fair **sah den Corrado sogar in einer Klasse mit Lamborghini. Solche positiven Testberichte über den Scirocco waren selten, dabei bot auch der das, was die US-Magzine so schätzten: »exakte, maßgeschneiderte Qualität«.**

Den GL bezeichnete Volkswagen selbst als »Damenwagen in der Scirocco-Reihe«. Das qualifizierte ihn für ein in fünf Farben lieferbare Armaturenbrett.

ten Scirocco lässt vor allem das Abblendlicht zu wünschen übrig«, pflichtete *auto motor und sport* bei. Nachdem in zahlreichen Crashversuchen eine stabile Fahrgastzelle entwickelt worden war, sorgte die neue Lenkung mit »Ausklinkelement«, wie es im VW-Jargon hieß, und das »Vierspeichen-Sicherheitslenkrad mit integriertem Hartschaumkörper« versprach zeitgemäße Sicherheit. Die Gurtschlösser für die Dreipunktgurte vorne saßen an den Sitzen, hinten gab es einfache Beckengurte, Dreipunktgurte warten optional. Komplett neue gestaltet worden war auch das Cockpit, alle wichtigen Hebel und Schalter waren logisch, sinnvoll und gut erreichbar angeordnet (»mustergültig« – *auto motor und sport*), die Rundinstrumente klar ablesbar und die Innenraumkbelüftung stark verbessert, die doppelten Lüftungsdüsen in der Mitte hatte jeder Scirocco ab Werk, ebenso eine Verbundglas-Windschutzscheibe und die Mittelkonsole. Auf die Fahrleistungen wirkte sich das neue Karosserie-Konzept uneinheitlich aus. Während die windschlüpfrige Silhouette bei gleicher Motorisierung eine höhere Endgeschwindigkeit ermöglichte – der Scirocco II GTI schaffte 191 km/h, während der Vorgänger bei 185 km/h aufgeben musste – blieben die Beschleunigungswerte aufgrund des Mehrgewichts von fast 100 Kilogramm leicht zurück. Im direkten Vergleich alt gegen neu monierten manche Tester die höheren Lenkkräfte im neuen Scirocco, der sich dadurch weniger nervös, irgendwie erwachsener anfühlte – »wie ein BMW«, brachte *Car and Driver* seine Eindrücke auf den Punkt. Und: »Auch wenn das neue Auto sich weniger agil gebärdet als das alte, so fährt es doch noch immer besser als nahezu jeder Honda, Toyota oder Mazda« – für

Der GTX 16V als späteres Spitzenmodell der Baureihe hatte einen 1,8-Liter-Motor mit 139 PS. Er beschleunigte in 8,1 Sekunden auf 100 km/h, die Höchstgeschwindigkeit lag bei 208 km/h.

die Amerikaner einmal mehr ein Indiz dafür, dass ein deutscher Fahrwerksingenieur »eher seine Familie verkaufen« würde als ein Quäntchen an Straßenhaftung zu opfern. Demzufolge stuften sie die Abstimmung auch in Richtung hart, aber herzlich ein, das Chassis selbst hätte noch deutlich mehr Leistung vertragen. Die Startmannschaft umfasste Motoren mit den Hubräumen 1,3 Liter (60 PS), 1,5 Liter (70 PS), 1,6 Liter (85 PS) und 1,6 Liter-Einspritzer (110 PS) , wobei das 4+E-Getriebe, ebenso wie die Automatik, für die beiden mittleren Modelle optional zu haben war, das Topmodelle hatte die Fünfgang-Schaltbox serienmäßig.

Die neue Basisausstattung trug nun die Bezeichnung »L«, darüber angesiedelt war der »GL« als, so die Presse, »Damenwagen« mit blanken Zierteilen, Nebelscheinwerfern, höhenverstellbaren Sitzen, Digitaluhr und Kofferraum-Velours und einigen Nettigkeiten wie farblich abgestimmter Armaturentafel und elegantem Teppichboden ausgestattet, für die kein Fahrer eines japanischen Coupés auch nur die Sicherheitsgurte gelöst hätte um aus dem Wagen zusteigen. Spitzenmodell war die ab dem 1,5 Liter zu bestellende GT-Linie mit Doppelscheinwerfern und »Scirocco«-Schriftzug auf der Heckscheibe. Ein Ölthermometer in der Mittelkonsole war hier ebenso serienmäßig wie die Sportsitze und die zweigeteilte (und am Scharnier bruchempfindliche) Gepäckraumabdeckung. Bei allen Modellen serienmäßig waren die Leuchtdioden für die Schalt- und Verbrauchsanzeige.

Der L-Scirocco beschleunigte in 14,8 Sekunden auf Hundert und schaffte ein Spitze von 158 km/h, der 70-PS-GT in 13,2 Sekunden und lief 164 km/h, und die Werte für die beiden 1,6-Liter lauteten 11,8 s, 174 km/h. bzw. 9,5 s, 191 km/h: Im Schnitt lagen die Angaben um 5 km/h höher als zuvor, und das bei um bis zu 2 l/100 km gesunkenem Verbräuchen. Allerdings war der vor der Hinterachse liegende Tank mit einem Volumen von 40 Litern arg klein ausgefallen.

MILDES LÜFTCHEN STATT STEIFER BRISE

»Der neue Scirocco. Aufregend vernünftig.«, titelte die Werbung. »Der neue Scirocco. Einfach zu teuer.«, urteilten die Käufer und übten eine starke Kaufzurückhaltung: Im Jahr der Ersteinführung hätten rund 70.000 Coupés verkauft werden sollen, 52.000 wurden es nur – Karmann fuhr bereits im Januar 1982 die Fertigungszahlen nach unten, intern schloss man auch Kurzarbeit nicht aus. Und die Lage wurde nicht besser, der Absatz sank auf unter 50.000 Fahrzeuge; Marktstudien ergaben, dass beim VW weder Styling noch Preis passten, und mit dem Audi Coupé dem Scirocco starke Konkurrenz erwachsen war.

Um den Absatz anzukurbeln wurde ab Herbst 1982 – der 60-PS-Motor entfiel – ein auf jugendlich getrimmtes Scirocco-Aktionsmodell präsentiert. Der »GTS« mit peppigen Schriftzügen, mattschwarz folierter B-Säule, netten Innenraumfeatures aus dem GTI-Paket und Sonderlackierung zu einem Preis von DM 19.450,- mit 85 PS beziehungsweise DM 21.990,- (112 PS) war deutlich günstiger als vergleichbar ausgestattete GT- beziehungsweise GL-Modelle.

Im Januar 1983 ersetzte der neue 1,6-Liter-Motor mit 75 PS den bisherigen 1,5 Liter; im Mai folgte als Sondermodell der umfassend verspoilerte »GTX« mit Kamei X1-Spoilersatz, der ab 22.920 Mark zu haben war. Die Nachfrage war so gut, dass das ursprüngliche Sondermodell regulärer Bestandteil der Modellpalette wurde. Der GTX hatte zunächst den 85-PS-Vergasermotor, später – Modelljahr 1985 – gab es ihn auch mit 90 PS sowie mit dem 112-PS-Einspritzer.

Wie beim Golf auch wurde 1983 der 110-PS-Motor durch ein stärkeres Triebwerk ersetzt. 200 Kubikzentimeter mehr an Kolbenhub ergaben einen Hubraum von 1.781 cm³, der mit einem minimalen Leistungsanstieg einher ging. Die zusätzlichen zwei Pferdestärken machten sich in der Spitze weniger bemerkbar als vielmehr im spürbaren Zuwachs an Drehmoment. Der Vierzylinder-Einspritzer entwickelte seine Drehmomentspitze von 153 Newtonmetern bereits bei 3.500 Umdrehungen, mithin 1.500 Touren früher als zuvor (und dann waren es nur 137 Nm gewesen). Bei dieser Gelegenheit hatten die VW-Motorentechniker noch einmal die Feile angesetzt, sparten hier noch ein paar Gramm ein und raspelten dort noch etwas weg, allein die Kurbelwelle speckte um 1,5 Kilogramm ab – dass Resultat der innermotorischen Feinarbeit erhob den 1,8-Liter-GTI, so die Fachpresse damals, zum besten Vierzylinder jener Jahre: »...keinen anderen Vierzylinder auf dem Markt, der Elastizität und Leistung so befriedigend vereint.« (*mot Die Auto Zeitschrift*). Der neue GTI beschleunigte sein 950 Kilogramm in 9,0 Sekunden und lief 190 km/h. In Sachen Durchzug wäre sicher noch mehr gegangen, Volkswagen verwendete allerdings

Der Scirocco startete mit fünf Ausstattungen und Motoren von 60 bis 110 PS. Hier ein früher GT, in der Serie dann mit Schriftzug unterhalb des Spoilers.

Zeittypisch: Der Arbeitsplatz des GT-Fahrers. Der Scirocco hatte von Anfang an serienmäßig eine Verbundglas-Windschutzscheibe.

Der Scirocco II hatte einen cW-Wert von 0,38, unter dem modischen Blechkleid steckte aber der Scirocco I. Das Bild zeigt die GTL-Version, die zum Modelljahr 1985 den GL ablöste, zu erkennen an den altertümlichen Chromradkappen.

Unser Scirocco soll schöner werden: Die Aufpreisliste war ziemlich umfangreich, allerdings hatten viele (vor allem japanische) Konkurrenten eine ganze Menge dieser Extras schon serienmäßig mit an Bord.

eine längere Übersetzung der Hinterachse. Preislich langten die Wolfsburger ordentlich hin: er kostete bei seiner Premiere 23.835 Mark, das waren umgerechnet 213 Mark pro PS. Bei einem damals als Konkurrenz betrachteter Alfa Romeo Sprint Veloce kostete eine Pferdestärke 209 Mark, und beim Preisbrecher in diesem Segement, dem Mitsubishi Cordia Turbo, sogar nur 183 Mark.

An den Akzeptanzproblemen änderte sich aber dennoch nur wenig, das größte Problem für den Scirocco hieß Golf GTI, der

Zielflagge? Im Ernst? Ne, Ne, ein Scirocco, auch als 16V, war in den ausgehenden Achtzigern wirklich kein kompetentes Sportgerät mehr.

mehr Image, eine gefälligere Optik und ein um 3.000 Mark günstigeres Preisschildchen trug. Die Situation wurde nicht unbedingt besser, zum Modelljahr 1985 begann Volkswagen mit dem Großreinemachen und reduzierte die Anzahl an möglichen Motor-/Ausstattungskombinationen; die neue Grundausführung war der GT mit 75-PS-Motor. Die weiteren Ausstattungslinien hießen GTL und GTX. Bereits im neuen Grundmodell fanden sich nun ein Drehzahlmesser und von innen verstellbare Außenspiegel, der GTX hatte Doppelauspuff, Heckwischer (mit Intervallschaltung) und die elektronisch verstärkte Dachantenne.

Mit dem Sechzehnventil-1,8-Liter-Motor des Golf II, der auf dem Genfer Salon 1985 erstmals zu sehen war, avancierte der doch arg brave Volks-Sportwagen (»ein Vergnügen für Vernünftige« – *sport auto*) zum überzeugenden, 208 km/h schnellen Flitzer. Tempo 100 wurde nach 8,1 Sekunden erreicht. Im Leichtmetall-Zylinderkopf betätigten zwei gegenläufig rotierende, oben liegende Nockenwellen die jeweils zwei Ein- und Auslassventile, letzte mit kühlendem Natrium befüllt. Eine leistungsfähigere Ölpumpe – sie stammte aus dem Diesel – verbesserte den Schmieröldurchsatz, die Leistung von 139 PS lag bei 6300 Touren an. Um der gestiegenen Leistung Paroli zu bieten, wurden Antriebswellen und Bremsanlage verstärkt. Bei so viel Power genügten die dezenten 16-V-Plaketten an Bug und Heck natürlich nicht, Verbreiterungen an Radhäusern und Türschweller, ein angedeuteter Bugspoiler sowie ein schwarzer Heckspoiler quer über der hinteren Scheibe sollten auf den Status als Flaggschiff der Modellreihe hinweisen; alle anderen Ausstattungsmerkmale entsprachen der GT-Version.

Der neue Sechzehnventiler wurde natürlich wieder intensiv getestet, diesmal kamen die Gegner aber aus Fernost, die einzigen Konkurrenten, die ebenfalls mit Vierventil-Coupés aufwarteten, hießen Toyota Celica und Honda Prelude. Der Zweiliter-Celica mit seinen modischen Klappscheinwerfern war, so die *Autozeitung*, zu wenig sportlich und für die Fahrleistungen zu teuer, der Honda zwar handlich, aber noch weniger sportlich als der T18-Celica, der es in der Rallye-Weltmeisterschaft zu Siegeslorbeer gebracht hatte. Ganz klar, der in Osnabrück gebaut Scirocco war in diesem Umfeld die bessere Wahl, und ähnlich urteilten auch die Kollegen von *auto motor und sport*: »Früher galt der Scirocco als Damen-Auto. Heute trifft das eher auf den Prelude zu, der in der Stadt und auf kurzen Strecken das angenehmere Gefährt ist.«

Mit dem GTS kam die mattschwarz folierte B-Säule zurück in das Scirocco-Programm. Das 4+E-Getriebe war serienmäßig.

Diese Location war der Wunschtraum aller Marketing- und Werbefachleute: Ein Tennisplatz. Das wirkte weltgewandt und elegant, schließlich waren die Achtziger die Zeit von Boris Becker und Steffi Graf.

V.A.G Verkauf.

Wettbewerber zum Vergleich.

Fahrleistungen und Verbrauchswerte	Scirocco 63 kW (85 PS) 4+E	Scirocco 82 kW (112 PS) 5-Gang
Höchstgeschwindigkeit km/h	174	190
Beschleunigung 0-100 km/h, Sekunden	11,1	9,3
Verbrauch (l/100 km) bei 90 km/h	5,3 N	5,9 S
bei 120 km/h	7,3	7,6
im Stadtzyklus	10,3/9,7*	10,9/10,3*
Nach DIN 70030. *) Bei Beachtung der Schaltanzeige.		

Der Ford Capri.

Dem Scirocco GTX etwa vergleichbare Capri Modelle sind der Capri GT mit 74 kw (101 PS) und der Capri S mit 84 kW (114 PS), beide mit 5-Gang-Schaltgetriebe.
Der GT beschleunigt von 0-100 km/h in 10,5 Sekunden und erreicht eine Höchstgeschwindigkeit von 179 km/h. Seine Verbrauchswerte: 90 km/h 6,3 - 120 km/h 8,2 - Stadt 11,9 Liter Super.
Der Capri GT kostet DM 16.100,- in der Grundausstattung.
Der Capri S beschleunigt von 0-100 km/h in 10,1 Sekunden und erreicht eine Höchstgeschwindigkeit von 186 km/h.
Seine Verbrauchswerte: 90 km/h 7,2 - 120 km/h 9,0 - Stadt 12,6 Liter Super.
Er kostet DM 18.900,- in der Grundausstattung.
Der Capri hat Hinterradantrieb und eine Starrachse hinten. Er ist im Styling und in der Technik längst überholt.

Der Opel Manta CC.

Dem Scirocco GTX in den Leistungen vergleichbare Modelle sind der Manta GT/J mit 66 kW (90 PS) und der Manta GT/E mit 81 kW (110 PS).
Der Manta GT/J beschleunigt von 0-100 km/h in 12,0 Sekunden, Höchstgeschwindigkeit 175 km/h.
Verbrauchswerte: 6,4 - 8,0 - 11,0 Liter Super. Er kostet mit 5-Gang-Getriebe DM 18.220,-.
Der Manta GT/E beschleunigt von 0-100 km/h in 10,5 Sekunden, Höchstgeschwindigkeit 192 km/h. Verbrauch: 6,5 - 8,2 - 11,4 Liter Super.
Er kostet DM 20.720,-.
Auch der Manta hat konventionellen Hinterradantrieb und ist damit dem Scirocco unterlegen. Allerdings ist er - wie die Zulassungszahlen zeigen - der stärkste Wettbewerber der Scirocco.

Die Marktperspektive.

1982 wurden rund 16.200 Scirocco, 13.100 Opel Manta und 4.500 Ford Capri zugelassen.
Der Scirocco stand damit auf Platz 1 in diesem Modellsektor, in dem wir mit dem Audi Coupé (1982 rund 14.000 zugelassen) ein weiteres starkes Bein haben.
Im Verlauf der weiter anziehenden Auto-Konjunktur hat der Scirocco wieder gute Chancen. Denn wir registrieren ein zunehmendes Interesse der Kunden an individuell gestylten und exclusiv ausgestatteten Modellen, für die man mehr auszugeben bereit ist.
Das Sondermodell GTX bietet mit seiner Sonderausstattung zu einem sehr interessanten Preis alle Voraussetzungen für ein gutes Geschäft.

Aus der Presse:

Die Auto Zeitung (2/83) stellte den Scirocco GLI vor und schrieb unter anderem:
„Selbst unterschiedliche Fahrernaturen finden in dem Scirocco 1,8 was sie suchen. Ob der Pilot nun alle Gänge sportlich ausdreht oder ob er im fünften Gang ab 2000/min. bis zur Höchstgeschwindigkeit beschleunigt - für den Motor alles kein Problem."
Ein weiteres Zitat: „Man bewegt sich mit dem Scirocco gern im Bereich der Höchstgeschwindigkeit, weil das Coupé selbst dort entspannte Fahrweise zuläßt."

Stand 4/83
Nur zum internen Gebrauch
Art.-Nr.

Printed in Germany
Änderungen vorbehalten.

PRODUKT INFORMATION INTERN

Starker Eindruck. Sondermodell Scirocco GTX.

Sehen und bestellen – so reagieren viele Kunden auf die Sondermodelle unserer Frühjahrsaktion.
Der Erfolg dieser Aktion hat die Erwartungen noch übertroffen. Der Golf LX zum Beispiel erwies sich als echter Renner.
Sondermodelle können also dem Verkauf echte Impulse geben. Sie wecken das Geschäft aus dem Winterschlaf und interessieren auch solche Kunden für unsere Marken, die sonst vielleicht nie zu uns gekommen wären.
Dies wird ganz besonders auch für das neue Sondermodell Scirocco GTX gelten.
Seine kraftvolle Optik gibt dem GTX einen hohen Aufmerksamkeitswert und setzt einen starken sportlichen Akzent auf das gesamte Programm.
Mit dem Scirocco GTX bieten Sie eine überlegene Alternative zu den Sportcoupés der Wettbewerber und nutzen darüberhinaus den Trend zum individuell gestylten, optisch auffälligen Automobil.

V·A·G

Absatzförderung

Bild Seite 38:
In den letzten Jahren gab es den Scirocco nur noch als Sondermodell Skala und als GT II, hier im Bild aus dem Modelljahr 1991. Servolenkung und Schiebedach waren nun serienmäßig.

**Interne Händler-Information für den Scala, Stand April 1983. Das Ausstattungspaket umfasste den üblichen Spoilersatz und war in Wagenfarbe lackiert. Den GTX gab es nur in Cirrus-Metallic, Platindiamant-Metallic und Montegoschwarz-Metallic, mit 85 oder 112 PS, Alus und 185er Reifen.
Preisvorteil laut VW: ca. 2.000 Mark.**

SONDERMODELLE

Der Scirocco II war in den Ausstattungsvarianten L, GL, GT, GLI und GTI zu bekommen. 1981-85 gab es den Scirocco GTI/GLI bzw. GT/GTL/GTX als 1,6 Liter mit 110 PS und 1982-85 mit 1,8-Liter-Motor und 112 PS. Ganz dem Zeitgeist der 1980er Jahre entsprechend, wurde mit weiteren Sondermodellen versucht, das lahmende Interesse wachzuhalten. Für eine kräftige Erweitung der Modellpalette sorgte Ende 1985 die flächendeckende Einführung der Katalysator-Triebwerke. Für den Scirocco stand ein Triebwerk mit 95 PS zur Verfügung. Für das Modelljahr 1987 wurden zusätzlich zu den schadstoffarmen Motoren weitere mit geregeltem Katalysator angeboten. Das sauberste der neuen Triebwerke entwickelte 129 PS, was die Absätze auch nicht wirklich beflügelte: Knapp 27.000 Coupés verließen das Fließband in Osnabrück.

Zum Modelljahr 1988 kamen neue, höherwertige Sitzbezüge, dafür ging der GTL. Und alle Volkswagen hatten nun asbestfreie Bremsbeläge. Das Motorenprogramm umfasste jetzt nur noch Katalysator-Triebwerke. Die Basis mit 72 PS hatte einen ungeregelten, die 95- und 129-PS-Motoren einen geregelten Katalysator.

In der zweiten Hälfte der Achtziger erschienen drei weitere Sondermodelle, der »White Cat« von 1985 mit weißen Stoßstangen, Spiegelgehäusen und weiß gestreiften Rückleuchten auf den Markt, 1986 dann die Sondermodelle »Tropic« und »Scala«.

Ab 1989 wurde das Scirocco-Programm erheblich gestrafft, im Grunde genommen gab es nur noch den GT und den GTX II im Programm mit 95 PS: Der elegantere Corrado hatte dem kantigen Coupé den Rang abgelaufen. Anfang der 1990er Jahre wurde der Scirocco dann nur noch in den zwei Versionen Scala und GT II angeboten; ab 1991 rückte dann wieder der 129-PS-Motor ins Programm. Im Juli 1992 fiel der Scirocco, der im letzten Modelljahr serienmäßige Dreipunkt-Gurte hinten und seitliche Blinkleuchten aufgewiesen hatte, aus dem Programm.

Im Verkauf spielte er schon längst keine Rolle mehr: Im letzten Jahr entstanden nur noch 4.382 Stück, 3.300 davon blieben in Deutschland. Bis zur Produktionseinstellung im Juli 1992 entstanden etwa 290.000 Scirocco II, insgesamt baute Karmann 795.734 dieser Sportcoupés.

Nur eine Studie blieb der Scirocco mit T-Roof, zwei herausnehmbaren Dachmittelteilen. Dabei blieb ein Steg in der Mitte stehen, das sogenannte »T«. Zwei Wischerarme erhielt der Scirocco zum Modelljahr 1984. (Fotos: Stiftung AutoMuseum Volkswagen)

Der »White Cat« dürfte das bekannteste Sondermodell der zweiten Generation sein. (Foto rechts: Detectandpreserve, cc-by-sa 3.0)

Wolfsburg Edition für die USA, 1984. In jenem Jahr – dem besten für den Typ 53b – hat Volkswagen dort 17.251 Scirocco verkauft, gestartet war man 1982 mit 13.227 Stück.

Angeboten wurde der Tropic in Kiwibraun Metallic und Madisontürkis. Das Sitzbezug-Muster griff beide Farben auf. Gebaut wurden 2622 Stück.

Sondermodell Tropic, Prospektdatum März 1986: Rundum verspoilert, Schriftzug an der B-Säule, eigenständige Sitzbezüge, Sportsitze und Alus mit Farbeinlagen machten den Unterschied.

Die Anzeigen-Kampagne für den Scala folgte der damals VW-typischen Bildsprache und lief unter dem Claim: »Die neueste Idee von Volkswagen«.

DOPPELHERZ: DIE BIMOTOR-SCIROCCOS

Bergmann Automobile in Wien, eigentlich ein Opel-Händler, aber eine feste Größe im Motorsportgeschehen der Alpen-Republik, baute zunächst im Auftrag von Klaus-Peter Rosorius, Chef der VW Motorsport, 1981 einen Bimotor-Jetta mit GLI-Motor und Getriebe jeweils vorn und hinten. Der Wagen, nicht mehr als eine Machbarkeitsstudie, entstand im Hinblick auf die Rallye-Gruppe-B und sollte eine eigene Allrad-Lösung darstellen, unabhängig vom Quattro-Konzept der Konzernschwester Audi. Der Audi hatte allerdings permanenten Allrad-Antrieb, der Twin-Jet-Jetta dagegen einen Schalter, mit dem sich der Heckmotor zur Arbeit rufen ließ. Beide Motoren hatten zwar keine mechanische Verbindung, teilten sich aber einen gemeinsamen Kühlkreislauf. Geschaltet wurden die Fünfgang-Getriebe per gemeinsamen Mittelschaltknüppel.

Im gleichem Jahr begannen auch, wiederum für VW Motorsport, die Arbeiten am Bimotor-Scirocco. Allerdings war der eigentlich vorgesehene 1,8-Liter-16V noch nicht verfügbar, daraufhin wurde auf einen GTI-Motor zurückgegriffen. Er wurde aufgebohrt und erhielt mehr Hub, das ergab einen Volumen von 1.791 cm³. Dazu kamen eine überarbeitete Ventilsteuerung, schärfere Nockenwellen, eine auf 10,9:1 erhöhte Verdichtung und eine Pierburg-Zenith-Einspritzung. Im Endergebnis ergab das einen Achtzylinder-Scirocco mit 3,58 Litern Hubraum und 360 PS bei 7.200 U/min, was in ungefähr dem damaligen Rallyecross-Standard entsprach. Vorne wie hinten kamen Differentiale mit begrenztem Schlupf zum Einsatz. Die Fahrleistungen waren fulminant, besser als beim Audi Quattro, und auch der Porsche 911 Turbo musste sich warm anziehen: Null auf Hundert in 4,5 Sekunden, Spitze dank kurzer Endübersetzung in der Nähe von 290 km/h. Auf Shows und in diversen Anzeigen wurde der Über-Scirocco gezeigt, eine Leistung von 440 PS stand im Raum.

Trickreich gelöst war die Motor-Synchronisation, VW sprach vom »E-Gas« und bezeichnete damit einen nach hinten geführten Zug, der die Drosselklappensensoren vorne und hinten miteinander verband und synchronisierte. Die Getriebe waren per Gestänge miteinander verbunden, wobei vor jedem Getriebe ein Unterdruck-Sensor saß, der beim Ausfall einer Maschine die Verbindung kappte. Ganz so serienmäßig wie der Twin-Jet-Jetta konnte der Scirocco nicht bleiben, hier verlangte die Einbaulage des Heckmotors Karosseriemodifikationen. Es gab ein Gewindefahrwerk und Bilstein-Dämpfer, Scheibenbremsen rundum mit Vierkolben-Bremssätteln und 7J x 15 Zoll Alus mit Pirelli P7 der Dimension 205 / 50VR15.

Der zweite Bimotor-Scirocco wurde 1983 aufgebaut, hier stand nicht die Sportabteilung, sondern F+E, also Forschung und Entwicklung, dahinter. Der Versuchsträger entstand auf Veranlassung von Dr. Ulrich Seifert, dem damaligen Entwicklungsvorstand, und sollte im beginnenden Digital-Zeitalter untersuchen, was die neue Technik zuließ, etwa in Sachen Getriebe-Synchronisation: Die Kraftübertragung erfolgte per Dreigang-Automatik, wie beim ersten Modell behielt jeder Motor seine Getriebeeinheit, sodass die präzise Steuerung der beiden Drehmomentwandler zur besonderen Herausforderung geriet – die nur umgangen werden konnte, indem auf eine manuelle Gangwahl umgestellt wurde. Die Drosselklappe des Frontmotors ließ sich außerdem separat ansteuern, was die Kraftverteilung zwischen Vorder- und Hinterachse variabel gestaltete. Das war je nach Streckenuntergrund von Vorteil. Diese Evolutionsstufe basierte auf dem 1,8-Liter-Serienmotor, der mit dem Oettinger-16V-Kopf versehen war. Die Verdichtung war leicht zurückgenommen, die Leistung eines einzelnen Motors lag bei 141 PS, machte zusammen 282 PS.

Beide Bimotor-Scirocco haben überlebt und sind im Besitz von Volkswagen, der Jetta steht im Marcus-Museum in Wien.

Der erste Bimotor-Scirocco war eine Studie für den VW Motorsport, er verfügte über zwei GTI-Motoren (samt Kupplung und Getriebe sowie Nebenaggregaten).

Der zweite Bimotor-Scirocco: Der Fahrer konnte die Achsen vom Cockpit aus getrennt ansteuern: Front-, Heck- oder Allradantrieb, alles war möglich.

Dieser Biturbo war ein Forschungsträger der Forschungsabteilung. Die Kraftübertragung wurde von Automatik auf Handschaltung umgebaut.

Unterflur-Motor: Die 1,8-Liter-Motoren hatten Vierventil-Köpfe von Oettinger mit jeweils 140 PS. (Alle Fotos: Kittler)

DIE TURBOS

Ebenfalls nicht in die Serie geschafft haben es die Turbo-Scirocco, wiewohl auch da Prototypen entstanden. In der Wolfsburger Entwicklungsabteilung begann Ende 1981 auf Basis des 1,6-Liter-Motors die Entwicklung eines Turbos mit knapp 1,8 Liter Hubraum, der auf dem Prüfstand 180 PS leistete. Da im Hause keine geeigneten Bauteile zu finden waren, wurden dafür bei BMW entsprechende Injektoren samt Luftmassenmesser besorgt, der Motorsport steuerte eine Rennkupplung bei. Der T3-Lader wurde mit einem Ladeluftkühler versehen, so entstand in rund anderthalbjähriger Entwicklungszeit der erste VW mit elektronischer Benzineinspritzung. Er war rund 230 km/h schnell, entwickelte aber an der Vorderachse viel Auftrieb und war daher trotz Tieferlegung nicht ganz so einfach zu fahren wie ein Serien-Scirocco. Erschwerend hinzu kam die Eigenart früher Turbo-Konstruktionen, dass sie, nach kurzer Gedenkzeit, mit Vehemenz über die Vorderräder herfielen, und dieser plötzlich einsetzende Leistungsschub machte den Umgang auch nicht einfacher. Die nächsten Versuche erfolgten dann mit dem Zweiliter-Motor und 136 PS, doch auch der ging nicht in Serie. Der erster Turbo wurde von seinem Entwickler Horst Rosenblatt als Dienstwagen genutzt hat.

Auch vom Scirocco II gab es einen Turbo, in der Szene bekannt als der »Rosenblatt-Turbo«. Er entstand bei F+E und sollte schneller sein als das Audi Coupé, das 222 km/h lief. Der Turbo-Einspritzer schaffte 235 km/h. (Fotos: Kittler)

Das Cabrio der Firma Autostyling Hornstein entstand 1991. (Foto: Hornstein)

Keiner trieb das Tuning so auf die Spitze wie Rieger-Design in Eggenfelden. Und unter all den wilden Rieger-Kreationen war keiner so extrem wie der Scirocco II GTO. Ein echtes Schaustück der Ausstellung auf der IAA 2017. (Foto: Kittler)

Bieber in Borken bot einen Cabrio-Umbausatz an. Auch andere Hersteller wie Ostermann hatten entsprechende Kits für Selberbauer im Programm. (Foto: Bieber)

Zender entwickelte einen Schürzensatz für den Scirocco. In Fankreisen ist er als Z-40-Bodykit bekannt, ungleich häufiger anzutreffen ist aber der Z-400-Kit mit den Rechteckscheinwerfern der Serie. (Foto: Zender)

Typisch für die Achtziger war das Spoiler-Tuning. Allerdings fanden sich nur selten so gelungene Lösungen wie von Kamei beim X1-Umbausatz. (Fotos: Kamei)

A

Frühes Rendering von 1984 für einen Scirocco III. Die Linienführung, insbesondere am Heck, erinnert an einen Renault Alpine 610.

Schön zeitgemäß: ItalDesign-Vorschlag von 1993 im Stil des Audi Coupé.

Nicht überzeugend: Designstudie für den Nachfolger. Die Aufnahme ist mit 1997 datiert, wirkt aber in ihrer ganzen Formensprache wie ein typischer Vertreter der Achtziger. Vermutlich handelt es sich um die Umsetzung der zuvor gezeigten Skizze. Gut, dass uns das erspart blieb. (Fotos: Stiftung AutoMuseum Volkswagen)

Comeback einer Legende

(Foto: Karlis Dambrans, cc-by-sa 2.0)

Auch wenn die Volkswagen-Modellpalette im ersten Jahrzehnt des neuen Jahrtausends sprunghaft wuchs – insbesondere Golf-Derivate schossen zwischen 2000 und 2010 wie Pilze aus dem Boden –, so war das Angebot an Coupés oder sportlich gezeichneten Zweisitzern, mal abgesehen von einer Handvoll Conceptcars, sehr überschaubar. Die zweitürigen Jetta-Konzept-Autos war unverkennbar Golf-Coupés und dienten zu wenig mehr als das künftige Golf-Gesicht vorwegzunehmen.

VOM IROC ZUM SCIROCCO

Vor diesem Hintergrund wird verständlich, warum die in Berlin Ende August 2006 der Presse und im September auf dem Paris Salon der Öffentlichkeit gezeigte Studie »Iroc« (ein Hinweis schon im Namen) für ein solches Aufsehen sorgte. In eine viperngrüne Metallic-Lackierung getaucht (eine der Farben des Scirocco-Jahrgangs 1976), wies der Iroc eine lange Dachlinie und ein steil abfallendes Heck auf, zwei vollwertige Rücksitze und einen akzeptablen Kofferraum.

Die Studie war mit 4.240 um 36 Millimeter länger als der Golf und hatte zehn Zentimeter mehr zwischen den Achsen als dieser. Wie bei Studien oft üblich, kam der Iroc mit riesigen 19-Zoll-Rädern und einem ausgefallenen Interieur daher. Und seine Optik samt Wabenmuster-Kühlergrill schien das neue Volkswagen-»Gesicht« vorwegzunehmen – den GTI-Fans der ersten Stunde sollte das Herz aufgehen.

Tatsächlich wurde der Iroc im März 2008 in den Serienbau überführt; der klaffende Gitterschlund war weg. Vom Team um Design-Markenchef Klaus Bischoff geschaffen, wurde hier eine der ersten Vorgaben des Gesamtverantwortlichen für das Design auf Konzernebene, Walter de Silva, umgesetzt und der neue, konservativere Kühlergrill (der stilbildend für alle Modelle werden sollte) eingeführt. Exterieur-Designer Wolfgang Lichte gegenüber dem *Spiegel online*: »Das schwarze Band zwischen den Scheinwerfern, die schwarz ausgekleideten Scheinwerfer, der Verzicht auf ein großes Kühlermaul und die prägnante Schulterlinie an der Flanke – das werden typische Merkmale des neuen VW-Designs.«

Einzige Ausnahme war das runde VW-Emblem, das hier nicht im Grill, sondern auf der Motorhaube platziert worden war. Die Heckgestaltung entsprach der Studie. Wie beim Scirocco II war die Optik des Scirocco III nicht unumstritten. Entstanden in der Ära von Bernd Pischetsrieder und Markenchef Wolfgang Bernhard, sah der Scirocco, laut *Auto Bild*, für viele so aus, »als hätte sich eine Elefantenkuh auf einen Golf V GTI gesetzt: heftiger Hintern,

Über ein Jahrzehnt nach Produktionsauslauf des Corrado erschien 2006 mit dem Iroc ein Konzeptfahrzeug, das eindeutig für die Serienproduktion bestimmt war. Knapp anderthalb Jahre später war es dann so weit.

flache Statur, böser Blick.« Im der Tat soll, Insidern zufolge, die Optik dieses Flachdach-Golfs auch innerhalb des Hauses nicht unumstritten gewesen sein.

EIN COUPÉ FORDERT DEN GTI HERAUS

Der neue Scirocco nutzte die PQ35-Plattform des Golfs V, was einer Reduzierung des Radstands von den 2.680 Millimetern der Studie auf das Standard-Serienmaß von 2.578 Millimetern gleich kam, doch konnte das Coupé dennoch als vollwertiger Viersitzer durchgehen. Es war mit 4.256 Millimetern ein wenig länger als ein Golf GTI, aber mit 1.404 Millimetern rund 65 Millimeter niedriger. Das, und die vorn um 29 und hinten um 62 Millimeter breitere Spur ließen ihn bei einer Gesamtbreite von 1.810 Millimetern so dramatisch stämmiger wirken als einen Golf. Die Technik spendierte, anders noch als bei den ersten beiden Generationen, nicht mehr nur der Golf, die von Volkswagen praktizierte Modulbauweise führte dazu, dass darüber hinaus Komponenten von Passat, Tiguan und Touran Verwendung fanden. Motoren und Getriebe stammten aus dem Konzernbaukasten, auch wenn die Leistungs-

Volkswagen lud die Presse-Vertreter im Mai 2008 zur Präsentation des neuen Scirocco nach Portugal ein. An Motoren standen zunächst der 1,4-Liter-TSI mit 160 und der 2,0-Liter-TSI mit 200 PS zur Wahl, im Herbst 2008 folgte der 2-Liter-TDI mit 140 PS. (Foto: Karlis Dambrans, cc-by-sa 2.0)

IM ÜBERBLICK: DIE WICHTIGSTEN STATIONEN DER MODELLPFLEGE

Juli 2009:
Sondermodell »Collectors Edition«: Lederausstattung, Dynaudio-Hifi, Panorama-Ausstelldach, Xenon, Navigationssystem, polierte 19-Zoll-LM, weiße Sonderlackierung, Plakette in Lenkradspange. 2.0 TSI (200 PS), DSG.
Oktober 2009: Bestellmöglichkeit Scirocco R: 2.0 TSI (265 PS, ab € 33 475,–). R-Line-Paket: 17-Zoll-LM (optional 18 Zoll) Typ »Mallory«, Dachkantenspoiler, Stoßfänger mit großen Lufteinlässen und LED-Tagfahrlicht, Bi-Xenon mit Blinkleuchten, hochglänzend schwarzer Kühlergrill, schwarzer Heckdiffusor, abgedunkelte Heckleuchten. Vergrößerter Dachspoiler, R-Line-Einstiegsleisten, Sportsitze im »Kyalami«-Design, Kopfstützen mit eingestickem R-Line Logo, Sportlenkrad (unten abgeflacht), Pedalkappen und Fußstütze in Edelstahl, Aluminium-Dekoreinlagen mit R-Logo, Instrumente mit weißer Beleuchtung und blauen Zeigern, Tachometerskala bis 300 km/h. Fahrwerksregelung DCC optional.
November 2009: 2.0 TSI (210 PS) ersetzt den 200-PS-TSI.
Dezember 2009: Markteinführung Scirocco R, Höchstgeschwindigkeit 250 km/h (elektronisch begrenzt). Einführung Sondermodell »Team«.
August 2010: Automatisches Schließ- und Startsystem »Keyless-Entry-Start-and-Exit-System« bestellbar. € 355,–.
Oktober 2010: Nur R: Schalensitze vorn optional (€ 3.180,–).
Dezember 2010: Sondermodell »Edition«.
Juli 2011: China-Premiere für den Scirocco R.
Dezember 2011: Sondermodell »Match«.
Oktober 2012: Sondermodell »GTS«.
Dezember 2012: Sondermodell »Life«.
Mai 2013: Sondermodell »Million«.
November 2013: Produktionsauslauf Scirocco R.
April 2014: R-Line Pakete »Exterieur« und »Interieur«: Basis Highline. Exterieur: 18-Zoll-LM, Lüftungsgitter, schwarzer Kühlergrill R-Line-Logo, breitere Schweller, Heckspoiler, Nebelscheinwerfer. Interieur: schwarzer Dachhimmel, Dekoreinlagen, Edelstahl-Pedale, Sitzbezüge mit Alcantara, Leder-Sportlenkrad.
Juli 2014: Pressevorstellung Facelift-Modell Scirocco/Scirocco R nach Premiere März in Genf: U.a. neuer Kühllufteinlass, neue Scheinwerfer (GTI-Stil), LED-Rückleuchten weiter in die Heckklappe hineingezogen. LED-Kennzeichenbeleuchtung und -Blinker. Scirocco R: Bi-Xenon mit Kurvenlicht und LED-Tagfahrlicht. Neue 18-Zoll-LM »Cadiz«, optional 19 Zoll. Alle Modelle: Blenden in Titansilber bündig eingelassen, Kombiinstrument aus dem Golf GTI (»Tubenoptik«). Verbesserte Motoren (Euro 6, geringerer Verbrauch). Neueinführung 2.0 TSI (180 PS), 2.0 TDI (150 PS) sowie 2.0 TDI (184 PS).
April 2015: Bestellbeginn Scirocco GTS: 220 PS, Zierstreifen, eingesticktes GTS-Logo, rot lackierte Bremssättel, 18-Zoll-LM »Norwich«. Ab € 31.000,–. Einführung Sondermodell »Club«.
Dezember 2015: Sondermodell »Allstar«.
Mai 2016: Designpaket »Black Style« für Scirocco R:
Schwarzes Dach, schwarze Außenspiegelkappen, schwarz lackierte 19-Zoll-LM »Lugano« mit 235/35 R19. Aufpreis € 660,–.
Juli 2016: Neuauflage »Allstar«.
Dezember 2016: Sondermodell »Sound«.

Gegenüber der Studie hatte sich der Serien-Scirocco kaum verändert, lediglich der Kühlergrill wirkte weniger dominant.

Das Armaturenbrett (hier des R) wurde von dem des Eos abgeleitet, beide Fahrzeuge entstanden in der gleichen Fabrik in Portugal.

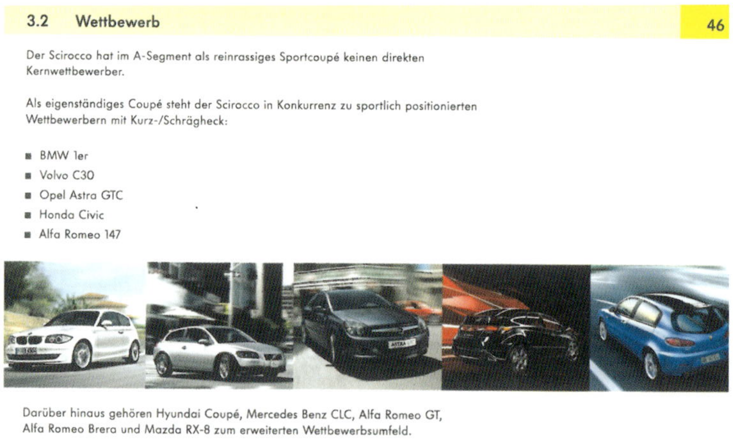

Die Scirocco-Käufer sollten laut Werk »Lifestyle-Trendsetter« sein. Jung, modern, kaufkräftig und statusorientierte – so sah für VW die Scirocco-Zielgruppe aus.

»Leider, wie bei einigen Menschen auch, lässt er sich nicht gut fotografieren. Sie müssen ihn in 3D sehen, um seine gedrungene, krötenähnliche Präsenz zu erkennen. Er ist hinten, an den Hüften, breiter als vorn. …« – **Fahrbericht** Honest John UK, **August 2008**

Autos im Stile von Manta und Capri gab's in den Nuller-Jahren praktisch nicht mehr. Die frühere Coupé-Klientel fuhr nun »Hot Hatches«.

Der Scirocco R wurde im Dezember 2008 als Studie auf der Bologna Motor Show gezeigt. Der Zweiliter-TFSI-Motor brachte 270 PS und hatte das Sechsgang-DSG.

angaben leicht differierten. Die Spitze des Angebots markierte der 200 PS starke 2.0-Liter-TSI-Motor aus dem Golf-V-GTI, gefolgt von diversen Turbos und Twin-Turbos (ab November 2009 dann mit 210 PS in der Spitze) bis hin zum zahmen, aber von Steuerkettengebrechen geplagten 122-PS-TSI mit 1,4 Liter als Einstiegsmotorisierung. Außerdem gab es das Sportcoupé auch mit 140- und 170-PS-TDI. Serienmäßig war eine Sechsgang-Handschaltung, optional war ab 140 PS das DSG zu haben. Je nach Motorausstattung differierte die Bremsanlage mit vorderen Bremsscheiben von 288 bis 312 Millimetern vorn und 255 bis 286 Millimeter hinten. Und aus dem Eos-Regal durfte sich der Scirocco ebenfalls bedienen, nicht nur in Sachen Chassis, sondern auch beim Armaturenbrett. Gefertigt wurde er im portugiesischen VW-Werk Autoeuropa in Palmela, wo auch der Eos vom Band lief.

Die Fertigung in Portugal bedeutete indes den Verzicht auf eine Allrad-Variante, was insbesondere in der Topmotorisierung durchaus zu bedauern war. Abgesehen davon gab es so ziemlich alles, was für den Golf an Features zu haben war, auch für den Scirocco.

Die Ausstattungsniveaus waren weitgehend spiegelbildlich zu denen des Golf, die Ausstattungspakete waren aber etwas umfangreicher als beim ewigen Bestseller: Klimaanlage, Sportsitze, 17-Zoll-Leichtmetallräder, elektrische Fensterheber, Lederlenkrad und jede Menge fahrdynamischer Helferlein waren von Anfang an mit an Bord wie sechs Airbags, was nicht nur die Zeitschrift *auto@ monat* in ihrer Kaufempfehlung mit einem anerkennenden »faire Preise« und »gute Basisausstattung« quittierte. Und auch sonst fielen die Kritiken außerordentlich wohlwollend aus. Den Scirocco gab es zum Preis eines mittelprächtig ausgestatteten Golf. »Volkswagen sollte aufräumen mit dem Scirocco«, schrieb *Autocar*. »Bis jetzt mussten Sie, so Sie ein wirklich gut zu fahrendes Autos in der 20.000-Pfund-Klasse haben wollten, zu einem heißen Schrägheck-Kompakten greifen, nicht zu einem Coupé. Aber der Scirocco hat eine neue Marktnische geschaffen – und fährt geradewegs vorneweg.« Das sahen auch andere Medien so, die deutsche *Auto/ Straßenverkehr* verglich den Scirocco mit Renault Mégane und Astra GTC, um zu dem Fazit zu gelangen: »Der Scirocco ist das schwächste und kleinste Auto des Trios, bietet aber den meisten Fahrspaß sowie den besten Komfort.« Allerdings, man muss das leider so sagen: Das solideste Angebot war der Scirocco anfangs nicht, die Gebrauchtberatungen warnten vor allem vor Exemplaren der ersten beiden Baujahre: *Auto Bild* listete auf, was da so anfallen konnte: »rumpelnde Heckdeckel, polternde Hinterachse, klappernde Armaturentafeln, rostende Schrauben und Probleme mit den rahmenlosen Seitenfenstern.«

»Doch der Stylist Klaus Bischoff sorgte dafür, dass der Scirocco innen größer ist, als man es von außen erwarten würde. Er hat das Auto so konstruiert, dass auch er bequem hinten sitzen kann. Deshalb ragen die Fließheckscharniere, Mazda3-artig, unter Wölbungen an der Dachrückseite hervor und schränken nicht die Kopffreiheit ein. Gut gemacht, Klaus.« – Honest John UK, **August 2008**

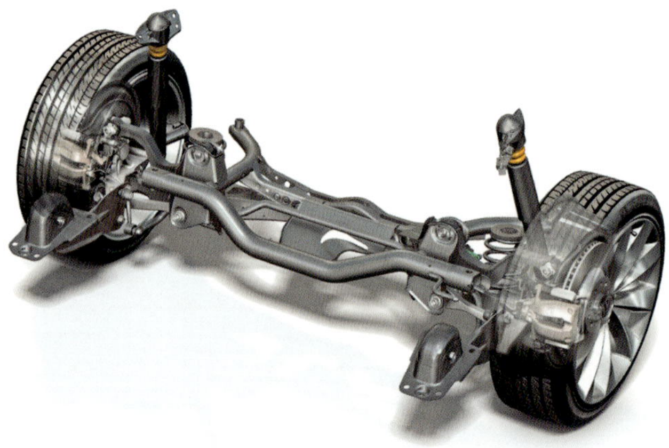

Die Scirocco-Hinterachse stammte aus dem Konzern-Baukasten und fand sich auch im Passat. Die adapative Fahrwerksregelung DCC gab´s optional.

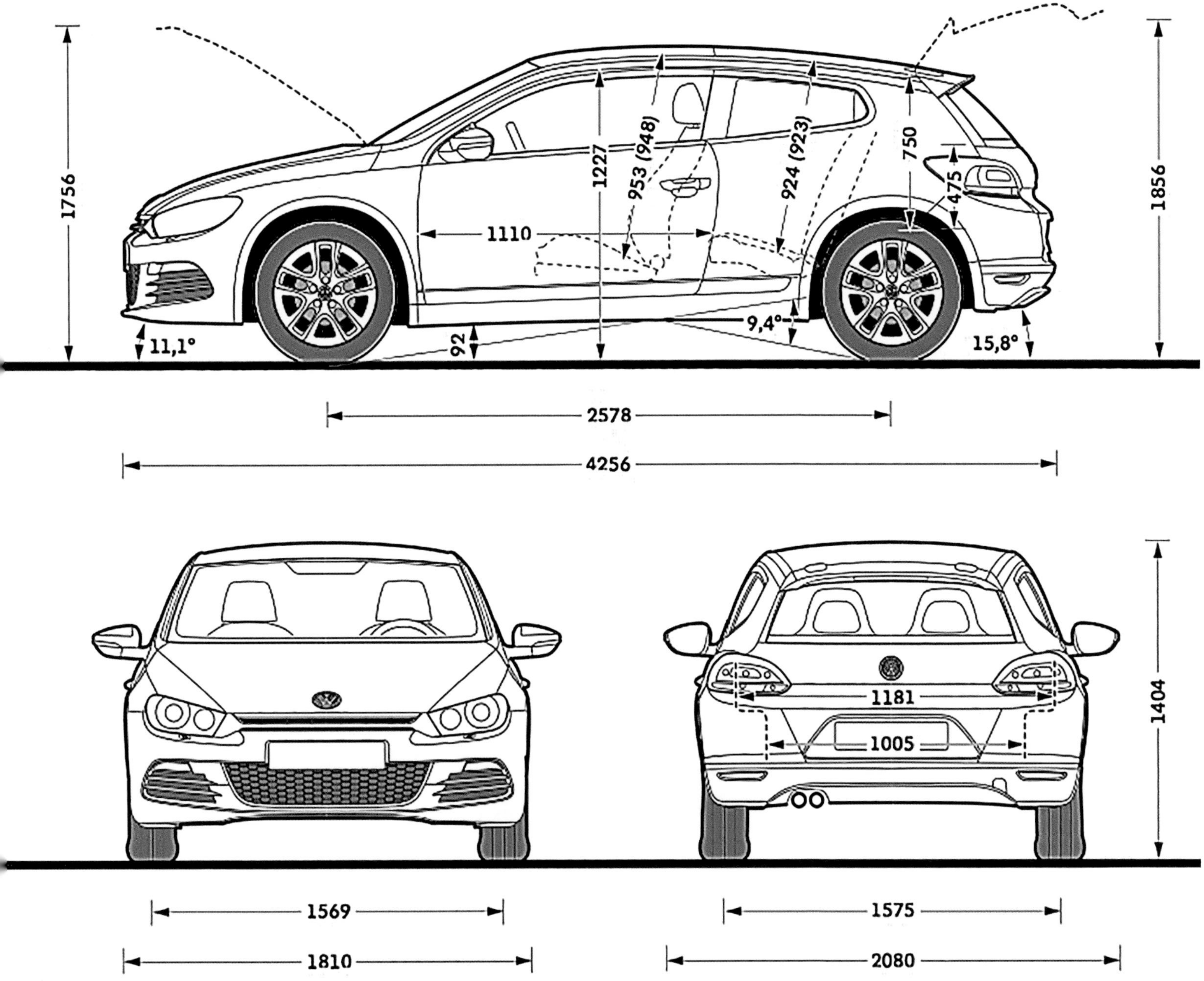

Der Scirocco ist ein enger Verwandter von Golf VI und dem 2012er Beetle.

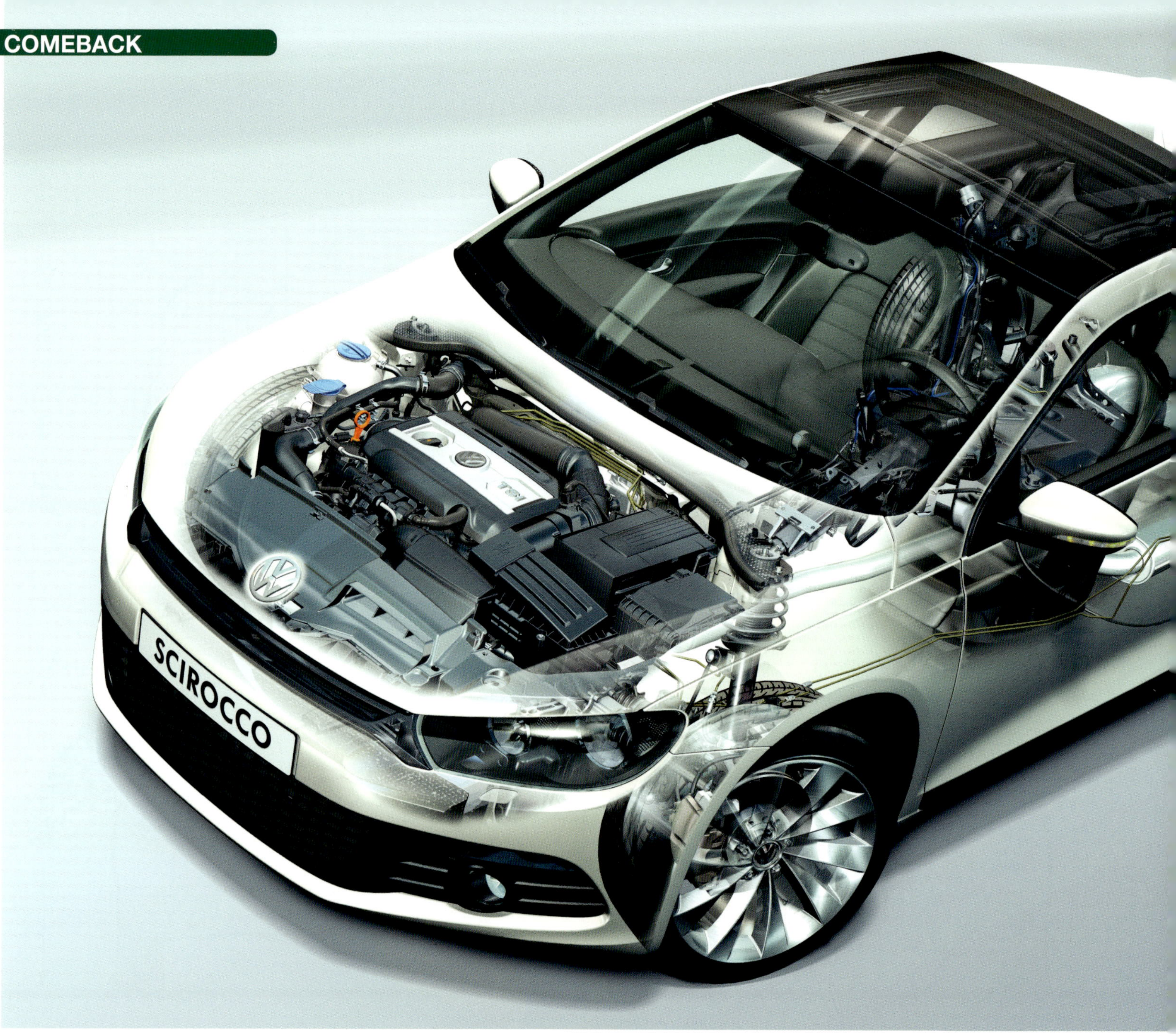

Zu den Verkaufshighlights des Scirocco-Konzepts gehörten, so die Unterlagen für die VW-Verkäufer, »Rennstrecken-Feeling und Schwiegermutter-Komfort« sowie »Satte Bässe und unendliche Höhen«. Anders gesagt: »Modernste Technologie für das A-Segment«, doch »Kein Alltagsauto, aber alltagstauglich.« Noch Fragen?

17-Zoll-Leichtmetallräder waren serienmäßig, optional konnten, in Verbindung mit dem aufpreispflichtigen Sportpaket, Felgen mit 235er Reifen aufgezogen werden. Volkswagen Individual bot als Maximum 19-Zöller an, Felgendesign »Lugano«.

COMEBACK

DerCandy-Weiß, Salas-Red, Dark Maroon Metallic oder doch eher ein Viperngrün Metallic (das es auch bei Seat gab)? Zunächst war der Scirocco in zehn Farben zu haben, gegen Laufzeitende dann in zwölf, Sondermodelle ausgenommen.

Drei Bezugsmaterialien, verschiedene Designs, Stoff- und Lederbezüge: Standard war Stoff Merlin, optional dann Alcantara oder Leder.

Lackierungen

Der Scirocco · Sitzbezüge & Lackierungen | 39

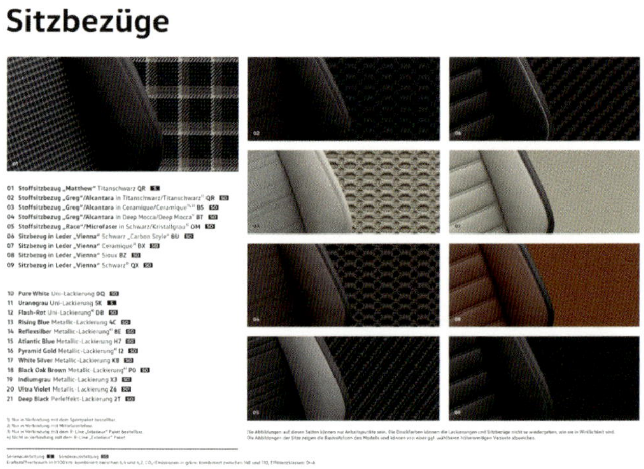
Sitzbezüge

01 Stoffsitzbezug „Matthew" Titanschwarz QR SE
02 Stoffsitzbezug „Greg"/Alcantara in Titanschwarz/Titanschwarz[1] QR SO
03 Stoffsitzbezug „Greg"/Alcantara in Ceramique/Ceramique[1,2] BS SO
04 Stoffsitzbezug „Greg"/Alcantara in Deep Mocca/Deep Mocca[1] BT SO
05 Stoffsitzbezug „Race"/Microfaser in Schwarz/Kristallgrau[3] OM SO
06 Sitzbezug in Leder „Vienna" Schwarz „Carbon Style" BU SO
07 Sitzbezug in Leder „Vienna" Ceramique[2] BX SO
08 Sitzbezug in Leder „Vienna" Sioux BZ SO
09 Sitzbezug in Leder „Vienna" Schwarz[2] QX SO

10 Pure White Uni-Lackierung 0Q SO
11 Uranograu Uni-Lackierung 5K SE
12 Flash-Rot Uni-Lackierung[4] D8 SO
13 Rising Blue Metallic-Lackierung 4C SO
14 Reflexsilber Metallic-Lackierung[4] 8E SO
15 Atlantic Blue Metallic-Lackierung H7 SO
16 Pyramid Gold Metallic-Lackierung[4] I2 SO
17 White Silver Metallic-Lackierung K8 SO
18 Black Oak Brown Metallic-Lackierung[4] P0 SO
19 Indiumgrau Metallic-Lackierung X3 SO
20 Ultra Violet Metallic-Lackierung Z6 SO
21 Deep Black Perleffekt-Lackierung 2T SO

1) Nur in Verbindung mit dem Sportpaket bestellbar.
2) Nur in Verbindung mit Mittelarmlehne.
3) Nur in Verbindung mit dem R-Line „Interieur" Paket bestellbar.
4) Nicht in Verbindung mit dem R-Line „Exterieur" Paket.

Serienausstattung SE Sonderausstattung SO

Zum Modelljahr 2014 fand eine tiefgreifende Modellpflege statt, zu erkennen unter anderem an der modifizierten Front- und Heckpartie mit neuen Scheinwerfern und LED-Tagfahrlicht. Die Motoren wurden stärker und sauberer, der neue R (vorn) brachte nun 280 PS.

Feierstunde: Bandablauf des 100.000 Sciroccos der Neuzeit im Jahre 2010.

Der chinesische Markt hat große Bedeutung, daher wurde Scirocco auch dort verkauft. Volkswagen präsentierte das Facelift 2015 auf der Automesse in Shanghai. Es hat ihm nicht geholfen, 2016 war das letzte volle Produktionsjahr. (Foto oben: Yammyhams, cc-by-sa 3.0)

Große Deutschlandpremiere für den GTS wie auch seinen Plattformbruder, den Beetle (er hieß »The Beetle«, um genau zu sein, nicht etwa »New Beetle«, denn der kam vorher), war die AMI 2012 in Leipzig. (Foto: GENR12, cc-by sa 3.0)

SONDERMODELLE

Der »Collectors Edition« vom Juli 2009 war das erste und das exklusivste aller Sondermodelle, die die Nachfrage kräftig anheizen sollten. In Oryxweiß lackiert und mit Features wie den glanzpolierten 19-Zoll-Felgen »Lugano« oder der Ledersitzanlage, Türtafeln und Mittelarmlehne im Farbton »Berry White« versehen, war das Sammlerstück mit dem 200 PS starken Zweiliter-TSI auf 100 Stück limitiert. Dafür rief Volkswagen zunächst stolze 49.900 Euro auf.

Für das Modelljahr 2010 stand dann das Sondermodell »Team« im Angebot, von außen nur an den seitlichen Schriftzügen und den abgedunkelten Seitenscheiben von den anderen Modellen zu unterscheiden. Zum optionalen »Plus«-Paket gehörten die 18-Zoll-Räder mit Interlagos-Felgen, Climatronic und Diebstahlwarnanlage. Am 06. August 2010 verließ der 100.000 Scirocco das Werk in Portugal – erfreulich, aber nicht überwältigend, weswegen das Jubiläum weitgehend unbeachtet blieb.

Zum Jahresende folgte dann das Sondermodell »Edition«, serienmäßig mit 18-Zoll-Alus, Panoramadach und etwas Rouge für das Interieur; nachdem dieses dann Ende 2011 auslief, nahm der »Match« seinen Platz im Modellprogramm ein, wobei es dafür wieder ein »Plus«-Paket gab mit 18-Zoll-Alus und Panoramadach. Der Match wiederum wich, wieder ein Jahr später, dem ähnlich ausgestatteten »Life«. Zwei Monate zuvor, im Oktober 2012, war das Sondermodell »GTS« mit Farbstreifen über Motorhaube, Dach und Heckklappe erschienen, dazu kamen 18-Zoll-Alus, der Heckspoiler aus dem R-Paket, abgedunkelte Rückleuchten und Innenraumfeinheiten. Mit einem weiteren Sondermodell feierte Volkswagen im Mai 2013 die Tatsache, dass der Scirocco die Schallmauer von einer Million gebauten Exemplaren durchbrochen hatte, alle Baureihen, die diesen Namen trugen, zusammengerechnet. Der im »Deep Black Metallic« vorrollende »Scirocco Million« trug sportliche Dekorstreifen in der Karosserie-Mitte, »galvanograu« lackierte Außenspiegelkappen und 18-Zoll-Leichtmetallräder »Interlagos« mit Reifen der Dimension 235/40. Zu den weiteren serienmäßigen Exterieur-Features gehörten R-Line-Stoßfänger, R-Line-Seitenschweller, abgedunkelte Rückleuchten, »Million«-Plaketten auf den Kotflügeln und die zu 90 Prozent abgedunkelten Fond-Scheiben. Ledersitzbezüge waren serienmäßig wie auch weitere Nettigkeiten. Abgesehen vom stärksten Motor, der dem Scirocco R vorbehalten blieb, gab es den Million in allen anderen Leistungsstufen, mindestens 27.325 Euro gingen dafür über den Tresen. Einige Monate später folgte nach sechsjähriger Bauzeit das erste wesentliche Facelifting. Auf dem Genfer Salon im März 2014 zu sehen und an Retuschen im Front- und Heckbereich von Vorgänger zu unterscheiden, rollte das Coupé mit sechs modifizierten Motoren, die jetzt die Abgasnorm Euro 6 erfüllten, seinem zweiten Frühling entgegen. Bei der Gelegenheit zwischen drei und 20 PS erstarkt, war der Verbrauch um knapp ein Fünftel gesunken. Ebenfalls neu an Bord: serienmäßige Zusatzinstrumente (Ladedruck, Stoppuhr, Motoröltemperatur) als Hommage an den Ur-Scirocco. Das Top-Modell der Baureihe – dessen Produktion laut Internetquellen bereits im November 2013 eingestellt worden war – hieß wieder Scirocco R, jetzt mit 280 PS und

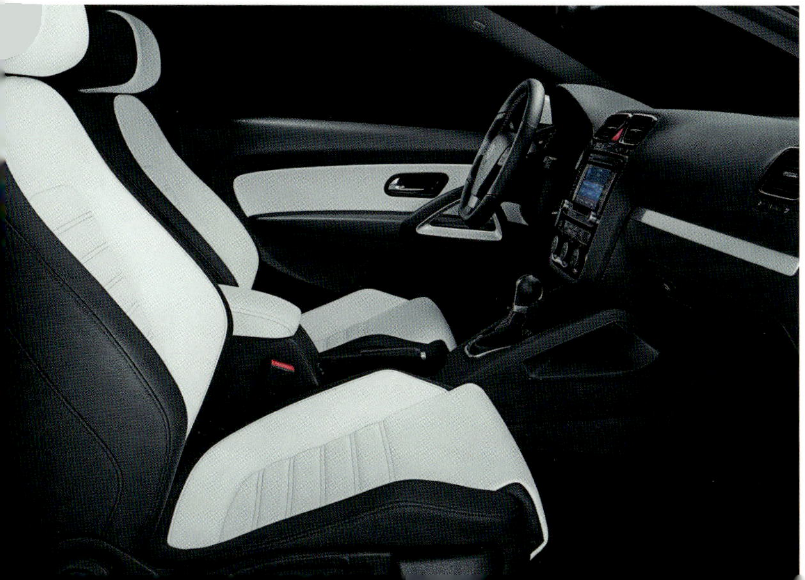

Das exklusivste aller Sondermodelle: Der nur 100 Mal gebaute »Collectors Edition«.

einigen Features, welche seine Ausnahmestellung im Programm unterstrichen. Die Produktion des Modelljahres 2015 begann Mitte August, zuerst für Europa und dann weitere »Volumenmärkte« (O-Ton Volkswagen) wie China, Türkei, Australien, Russland und Südkorea. Der Einstiegspreis lag bei 23.900 Euro, und dafür bekam der VW-Fan einen Wagen mit »kräftigem Antrieb, guter Straßenlage, sauber abgestimmtem Fahrwerk«, lobte *Auto Bild*, fand aber auch das Haar in der Suppe: Nach dem Facelift sei der Scirocco »optisch ... näher am Golf.« Doch: »Die Aufwertung hat dem Scirocco gutgetan«, befanden die Journalistenkollegen von *Auto/Straßenverkehr*.

Auf der Automesse in Shanghai im April 2015 präsentierte Volkswagen dann den Scirocco GTS mit 220 PS. Der Turbobenzin-Direkteinspritzer katapultierte den Scirocco GTS – sowohl mit manuellem Getriebe als auch mit 6-Gang-DSG – in nur 6,5 Sekunden auf 100 km/h. Höchstgeschwindigkeit: 246 km/h (DSG: 244 km/h). Optisch sorgte der GTS-Streifen (der sich knapp über dem Schweller über die gesamte Silhouette zog) für einen eigenständigen Auftritt. Und markante Sportsitze und ein Schaltknauf im Golfball-Design, ganz wie früher, unterstrichen die Verwandtschaft zur ersten GTS-Serie. Ende Mai begann die Markteinführung des 31.000 Euro teuren Scirocco GTS, zunächst in Europa; dann in China.

Das nächste Sondermodell war der »Club« mit den 17-Zoll-Leichtmetallrädern »Ravenna«, Nebelscheinwerfern, abgedunkelten Scheiben und aufdatiertem Entertainment-System und Navi; der »Bright Yello«-Lack kostete Aufpreis. Auf den »Club« folgte der »Allstar«. Der verfügte in der Grundausstattung über die Klimaanlage »Climatronic«, Nebelscheinwerfer und die Leichtmetallräder »Linas«. Das Winterpaket bestand aus beheizbaren Vordersitzen und Scheibenwaschdüsen sowie einer Scheinwerfer-Reinigungsanlage. Zuletzt folgte für 2017 der »Sound«.

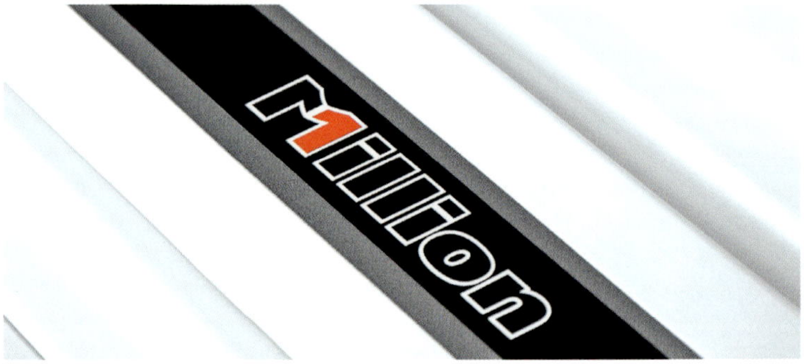

2013 lief, alle Generationen zusammen genommen, der millionste Scirocco vom Band. Volkswagen feierte diese Zahl mit einem Sondermodell, erstmals gezeigt beim GTI-Treffen am Wörthersee.

Der Scirocco GT »Black Edition« (es gab ihn auch als »R-Line Black Edition «) war ein 2015er Sondermodell für den britischen Markt, aufgebaut aus den üblichen Komponenten.

Seit 2010 bietet Volkswagen: Sonderausstattungen baureihenübergreifend an. Hier der Team, lanciert zur Fußball-WM 2010. (Foto: PD)

Dank der neuen Sondermodell-Politik konnte der Kunde einen »Sound« ebenso wie einen »Allstar« auch als Golf, Polo, Beetle oder fast jeden anderen Volkswagen erhalten.

Ganz oben: **Prospekt für die Facelift-Ausführung des Scirocco.** Oben: **Der GTS des Jahres 2015 griff die Stilelemente des früheren Sondermodells (rechte Seite) wieder auf.**

Zum 2013er Sondermodell »GTS« gehörten Dekorstreifen und Sportsitze mit entsprechenden Sitzbezügen und Stickerei.

Von außen zu erkennen war dieses Sondermodell an Leichtmetallfelgen mit dem symbolträchtigen Namen »Woodstock«, entsprechenden Plaketten auf der B-Säule sowie den Einstiegsleisten mit Schriftzug. Hippe Sitzbezüge (man nannte sie beziehungsreich »Equalizer«), farblich abgesetzte Ziernähte und zusätzliche Chromapplikationen machten weitere Unterschiede, die weiteren Goodies stammten aus den reich bestückten Ausstattungsregalen des Konzerns.

Die Sound-Sondermodelle – wie in den vergangenen Jahren üblich, wurden die Sonderpakete für viele Modelle angeboten – wurden für 2018 in Neuauflage angekündigt, allerdings fehlte einer beim Kurkonzert: Der Scirocco wurde nicht mehr in der Preisliste mit aufgeführt. Jetzt wurden nur noch Lagerbestände abverkauft in den Ausstattungen »Sport« (**€** 24.950,–; Sportsitze vorn, Sportlenkrad in Leder, Klimaanlage, Multifunktionsanzeige »Plus«, Handbremshebelgriff in Leder), GTS (**€** 31.825,–; Leichtmetallräder »Norwich« 8J x 18 in Schwarz, Oberfläche glanzgedreht, R-Line Stoßfänger, Heckspoiler in Wagenfarbe im »R«-Styling , Rückleuchten in LED-Technik, dunkelrot, Scheibenbremsen vorn, Dachhimmel schwarz) und »Sound« (**€** 28.250,–; LM »Woodstock« 8J x 17 in Dark Graphite, Oberfläche glanzgedreht, Radio »Composition Media« mit Navi, Climatronic, Scheibenverdunkelung).

ES LEBE DER SPORT

Wie ernst es Volkswagen mit dem Scirocco als Sportwagen gemeint hatte, zeigte bereits der Einsatz von zwei Scirocco GT24 beim 24-Stunden-Rennen im Mai 2008 auf dem Nürburgring. Mit Profis wie Carlos Sainz und Hans-Joachim Stuck am Steuer, holten die Wolfsburger den Klassensieg. Ein Jahr später lud Volkswagen dann die Presse zur Vorstellung des von der Spezialitäten-Abteilung »Volkswagen Individual« entwickelten R-Version. Der neue R mit 265 PS verfügte über die aus dem Golf GTI bekannten Vorderachs-Quersperre XDS und beschleunigte in 6,0 Sekunden zur 100-km/h-Marke. Zu haben ab 33.900 Euro, bürstete der 1,3 Tonnen schwere R im Vergleichstest von *auto motor und sport* seine Konkurrenz von Renault, Ford, Seat und BMW gehörig ab und schob sich »mit seiner breitbandig vorgetragenen Perfektion« auf Platz eins. Zu den besonderen Qualitäten gehörten die »unnachgiebigsten Bremsen« und »begeisternde Dynamik bei kaum zu erschütternder Stabilität«.

Im Mai 2009 legten die Wolfsburger dann nach und schickten fünf Scirocco durch die »Grüne Hölle«, drei Scirocco GT24 Zweiliter-TSI und 315 PS sowie zwei GT24 CNG mit 280 PS, die Erdgas verfeuerten. Nach Ablauf der 24 Stunden hatte Volkswagen mit dem Scirocco GT24 einen Klassensieg bei den Zweiliter-Turbos herausgefahren und auch die CNG-Sciroccos gewannen ihre Klasse souverän.

Erdgas-Antrieb hatten auch die Cup-Sciroccos, mit denen die im März 2010 entstandene Volkswagen R GmbH einen Markenpokal veranstaltete, der zwischen 2010 und 2014 im Rahmen der DTM ausgetragen wurde und den Polo Cup ablöste. Die Volkswagen R GmbH wiederum als Nachfolgerin der Volkswagen Individual GmbH, die im Frühjahr 2003 gegründet worden war, hatte die »Aufgabe, die Emotionalisierung und Dynamisierung der Volkswagen Modelle voranzutreiben und zu unterstützen«. Und die R GmbH war auch Initiatorin des Scirocco Cups, der zwischen 2010 und 2014 im Rahmen der DTM ausgetragen wurde. Die bei diesem umweltfreundlichsten Markenpokal der Welt eingesetzten Sciroccos tankten Bio-Erdgas.

Der Erdgas-Scirocco mit Zweiliter-TSI basierte auf dem 220 PS starken Scirocco R, entwickelte zuletzt 235 PS und schickte 275 Newtonmeter Drehmoment an die Vorderräder. Per Knopfdruck (»Push-to-pass-Knopf«) ließen sich kurzzeitig (wenn auch nicht beliebig oft während des Rennes) 30 bis 40 Zusatz-PS freisetzen, was die Positionskämpfe spannender machte. Im leer geräumten In-

Volkswagen feierte das Millionen-Jubiläum auch beim 24-Stunden-Rennen auf dem Nürburgring. Neben dem Gruppe-2-Scirocco von 1980, der im Rahmenrennen bei den 24-Stunden-Classic an den Start ging (und gewann), fuhr beim Langstreckenrennen dann ein privat eingesetzter GT24 im »Million«-Design mit.

Der Cup wurde zwischen 2010 und 2014 ausgetragen, auch auf internationaler Bühne. So gab es zum Beispiel auch einen chinesischen R-Cup. (Fotos: VW Motorsport)

Im Mai 2008, noch vor der offiziellen Markteinführung, brachte Volkswagen beim Langstreckenrennen auf dem Nürburgring zwei Scirocco GT24 an den Start. Die Renner holten den Klassensieg.

Ob Rennerfolge heute noch den Absatz beflügeln, darf bezweifelt werden. Aber für's Image gut sind sie allemal: Beim »Race of Champions« 2009 traten unter anderem Rennlegenden wie Michael Schumacher, Sebastian Vettel, Mattias Ekström und Dakar-Sieger Giniel de Villiers im Olympiastadion von Peking auf 200 PS starken Sciroccos aus dem chinesischen Scirocco-Cup gegeneinander an. Den »Nations Cup« gewannen Schumacher/Vettel, die Einzelwertung Mattias Ekström. (Foto: VW Motorsport)

In Schweden fuhr der Scirocco im Supercross mit: Hier unter Johan Kristofferson im Mai 2013. (Foto: Bengt re, CC BY-SA 3.0)

nenraum fand der 22-kg-Gastank seinen Platz. Bei der Kraftübertragung griff das Techniker-Team auf die elektronisch gesteuerte Sechsgang-DSG mit Schaltwippen am Lenkrad, daneben gab es natürlich noch einen Wahlhebel in der Mittelkonsole. Der 1.210 Kilogramm schwere Racer rollte auf 18-Zoll-ATS-Felgen und trug Dunlop-Pneus der Dimension 235/640. Im Zaum gehalten von innenbelüfteten Scheibenbremsen mit 362 Millimeter Durchmesser vorn und 282 Millimeter hinten, in die sich Sechs-Kolben-Festsattel vorne und Einkolben-Faustsattel hinten verbissen. Weitere Features wie ein Überrollkäfig und eine Feuerlöschanlage nach FIA-Norm, ein Rennsitz mit gepolstertem Kopfprotektor, ein Sechspunktgurt und das obligatorische HANS-System komplettierten den für 50.000 Euro angebotenen Renner.

Insgesamt standen Ende März 2010 dann 40 Sciroccos rennfertig zur Verfügung, aufgebaut bei Haus-und-Hof-Veredler Abt, der auch die Polo-Cup-Fahrzeuge betreut hatte. 15 der 40 Fahrzeuge waren den sogenannten »Junioren« vorbehalten, Nachswuchstalenten, die zwischen 17 und 24 Jahre alt sein durften. Die bekamen ihren Renn-Scirocco für 50.000 Euro pro Saison (plus den Kosten, die für etwaige Unfallreparaturen aufzubringen waren). Weiter zehn Fahrzeuge gingen an sogenannte »Pro-Fahrer«, also ältere Piloten mit größerer Erfahrung, die sich über VW-Händler für den Cup einschreiben konnten. Diese mussten dann aber 75.000 Euro je Saison auf den Tisch legen. Die Teilnehmer mussten die Autos von Rennen zu Rennen tauschen. Auch die Mechaniker arbeiteten nach dem Rotationsprinzip. Außerdem tummelten sich diverse Gastfahrer im Starterfeld.

Diese »Legend-Fahrer« mussten nicht unbedingt etwas mit dem Motorsport am Hut haben, aber möglichst für Schlagzeilen und schöne Fotos sorgen, denn, so Stefan Moser, Sprecher der VW-Motorsport-Sparte, gegenüber dem *Handelsblatt*: »Motorsport macht man immer aus Marketinggründen. Keiner kann mit diesen Autos Geld verdienen, auch nicht im Kundenmotorsport«.

2009 wurde die Scirocco-Stude Airmotion präsentiert. Sie wirkte nicht sonderlich spektakulär, es ging um die Auswirkungen verstellbarer Schürzen auf die Aerodynamik. (Foto: Kittler)

TUNE IT! SAFE! ist eine vom Reifenhersteller Hankook unterstützte Initiative des Bundesverkehrsministeriums und des Verband der Automobil Tuner e.V. (VDAT), auch die Polizei unterstützt die Aktion. Der Startschuss für die überaus erfolgreiche Initiative erfolgte im November 2005 auf der Essen Motor Show. Show-Car des Jahres 2009 war der Scirocco. (Fotos: Tune it safe)

Natürlich hat auch Abt den Scirocco unter seine Fittiche genommen. Nach Art des Hauses entstanden bemerkenswert gelungene und niemals peinliche Performance Parts. Abt-Fahrer tragen den Nerz nach innen. (Foto: Abt)

Der 2009er Sportec Scirocco SC 350 basiert auf dem 200 PS starken 2.0 TSFI. Die Schweizer Interpretation eines Volkssportlers deckt in der Spitze 350 PS ab. Typisch für den Veredler aus Höri: 20-Zoll-Alus mit Reifen 245/30. (Foto: Sportec)

Fernöstliche Wonne: Der chinesische Tuner Aspec hat 2016 auf Basis des ohnehin nicht schwächlichen 280 PS starken Scirocco R den »Performance Project Volkswagen 430R« realisert. Zum amtlichen Bodykit aus Carbon (u.a. neue Schürzen, Heckspoiler, Kotflügelverbreiterungen, Diffusor) kommt noch ein umfassendes Leistungspaket, das gut ist für zusätzliche 150 PS. 19-Zoll-Alus, Sechskolben-Stopper und eine Klappen-Sportauspuffanlage mit vier Endrohren markieren die Grenze des derzeit dem TÜV Zumutbaren. (Fotos: Aspec)

Der Golf im Wolfspelz

Die Missverständnisse fingen schon beim Namen an: Alle Welt hielt »Corrado« für einen italienischen Namen, dabei bildete das spanische Verb »correr = laufen, rennen, spurten« den Hintergrund für dieses Coupé, mit dem Volkswagen seinen ersten »reinrassigen Sportwagen« bringen wollte: »Die Dynamik des VW-Sportwagens soll schon im Namen zum Ausdruck kommen«.

Hat nicht wirklich gut geklappt, man hat ihn immer eher als braven Konrad verstanden, nie als heißblütigen Spanier.

SCIROCCO III ODER EIN NEUES COUPÉ?

Bereits Ende 1981 befassten sich die obersten Produktplaner in Wolfsburg, das Produktstrategiekomitee, mit der Frage nach einem Scirocco-Nachfolger. Allerdings waren die Vorzeichen denkbar ungünstig, Anfang der Achtziger wurde wieder einmal auf jeden Pfennig geschaut: Ungünstige Wechselkurse bei sinkender Nachfrage und steigenden Benzinpreisen, üppige Lohnkostenerhöhungen und hohe Verluste in Südamerika – Carl Hahn beziffert sie in seinem Buch auf rund eine Milliarde Mark – waren zu beklagen. Dazu kamen die Verluste, die VW durch die unglückliche Beteilung am Büromaschinenkonzern Triumph-Adler schrieb und weitere Verluste durch Devisengeschäfte, alles zusammen fehlten allein durch diese Entwicklungen knapp 1,8 Milliarden Mark in der Kasse. Die Finanzexperten spitzten ihren Rotstift und prüften nach, wo es etwas zu sparen gab. Daher standen in diesem frühen Stadium, als der spätere Corrado noch als Scirocco-Nachfolger gehandelt wurde, die Kosten im Mittelpunkt. Und darüber wurde heiß diskutiert. Nachdem der Scirocco nicht so gut lief wie erwartet – knapp 48.000 Fahrzeuge weltweit – plädierte der Vertrieb für einen preisgünstigen Wagen, der in höheren Stückzahlen gebaut werden sollte. Die Finanzabteilung dagegen pochte auf einen anständigen Ertrag, und die Produktion auf eine rentable Stückzahl von 300 Einheiten pro Arbeitstag.

Diese Quadratur des Kreises konnte nicht gelingen, da mochten jene sechs Designvorschläge, die Herbert Schäfer im Juni 1982 vorstellte, noch so gelungen sein. Der neue Scirocco, der intern dann als EA 494 geführt wurde, steckte fest, zumal – wie das bei Neubauvorhaben oft der Fall ist – sich herausstellte, dass die Produktion teurer werden würde als geplant. Im Februar 1984 lagen die Herstellungskosten um 1.500 Mark über dem des Scirocco, einen günstigen Volkssportler konnte der Vertrieb also abhaken. Damit war die Scirocco-Neuauflage eigentlich gestorben.

VW-Chef Hahn wollte aber auf ein sportliches Aushängeschild nicht verzichten, ein Imageträger musste her. Die Kostenfrage rückte daher vorerst in den Hintergrund, wiewohl der Entwicklungsaufwand laut Claudia Böhlers Scirocco-Buch bei sechs Millionen Mark im Monat lag.

Ungeachtet der finanziellen Fragen gedieh aber das Coupé-Konzept prächtig: Im Mai 1983 war die Außenhaut abgesegnet, und, so Designchef Schäfer gegenüber dem italienischen Journalisten Giancarlo Perini: »Die Scheinwerferpartie war das einzige Designdetail, das tatsächlich umstritten war, einige wollten Klappscheinwerfer.« Schäfer setzte sich aber durch, Klappscheinwerfer mochten andere machen, VW aber hatte »besser zu sein als der Rest«, zumal Sportwagenkäufer, so Schäfer, einen deutlich wahrnehmbaren Lufteinlass erwarteten. Der Corrado erhielt daher eine andere Front als der parallel in der Entwicklung befindliche B3-Passat, der ebenfalls 1988 erschien und mit 0,29 einen besseren Cw-Wert aufwies als das neue sportliche Aushängeschild mit 0,32.

Ursprünglich als Scirocco-Nachfolger geplant, wurde das Coupé letzlich oberhalb des Volks-Sportlers positioniert. Bei den VW-Werbern außerordentlich beliebte Locations waren Spanien und Portugal.

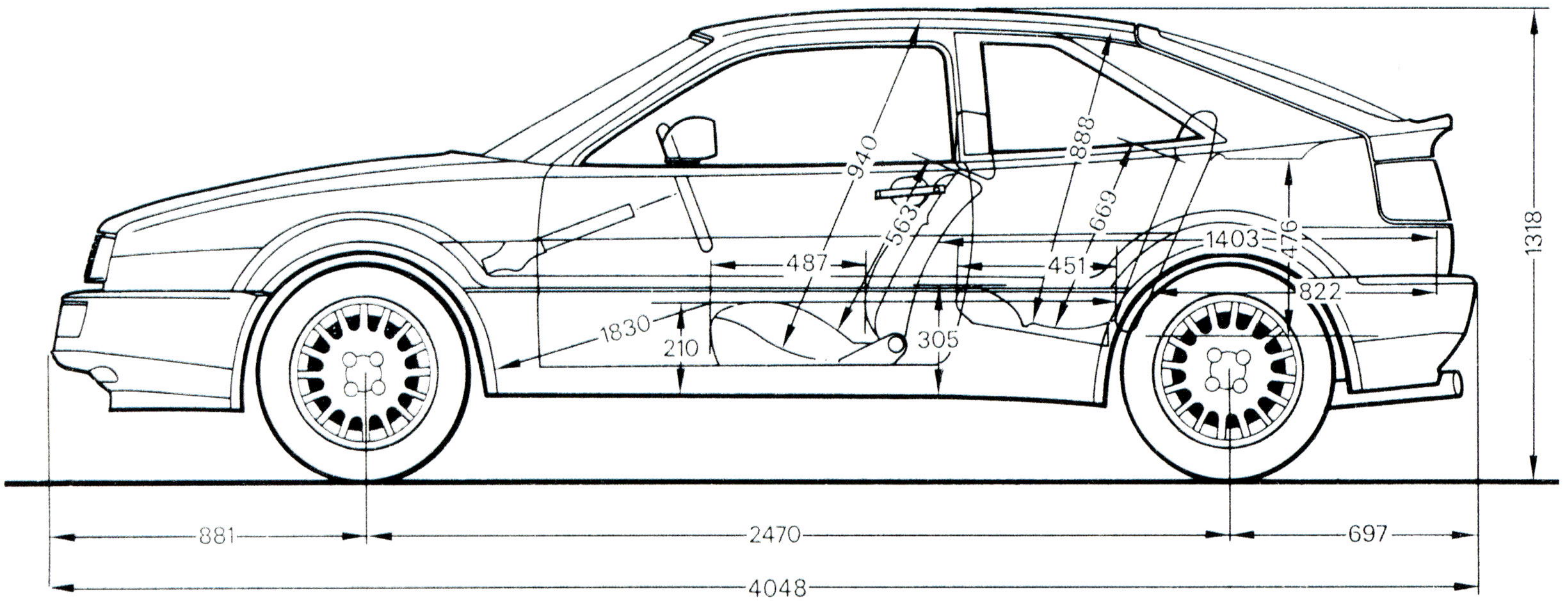

»Der Corrado vereint den fast schon legendären Korrosionsschutz des Golf II mit qualitativ hochwertigen VW-Großserienbauteilen, ausreichend Platz im Innenraum sowie einem sportiven Auftritt.« – Knut Simon, AutoBild Klassik, 2010.

Unters Blech geschaut: Der Corrado G60 basierte auf dem Golf II.

Der ausfahrbare Spoiler verringerte den Auftrieb an der Hinterachse um gut 60 Prozent und trug viel zum narrensicheren Fahrverhalten bei.

Der Spoiler fuhr automatisch aus oder konnte per Schalter vom Fahrer aus betätigt werden.

CORRADO

Am Anfang stand das Blatt Papier: Im vordigitalen Zeitalter begann die Formfindung noch auf dem Papier. Cockpit-Rendering …

Im September 1983 erfolgte die Festlegung auf die Proportionen von Armaturenbrett (das im Grunde genommen dem Passat entstammte), Sitzanordnung und Fahrgastraum, die sogenannte »Sitzkiste«. Zu dem Zeitpunkt hatten sich, wie bereits geschildert, die Strategen am Mittellandkanal vom Gedanken eines direkten Scirocco-Nachfolgers gelöst und einen echten Sportwagen im Visier, der dann auch ruhig teurer werden durfte. Neue Zielgruppe waren die GTI-Aufsteiger, der Corrado sollte eine günstige Alternative zu den kleinen Porsche-Vierzylindermodellen darstellen. Als eigentlicher Scirocco-Nachfolger könnte, so die Überlegungen, ein Coupé auf Polo-Plattform entstehen.

Inzwischen drehten erste Versuchsträger ihre Runden, die Zeitschrift *mot* präsentierte im Frühjahr 1985 grieselige Erlkönigfotos unter der Headline: »Scirocco: zurück zu alter Form.« Außerdem wusste das Fachblatt aus Stuttgart bereits zu vermelden, dass dieses neue Topmodell auch mit Sechszylinder-Motor vom Band rollen werde. Als Erscheinungstermin wurde das Frühjahr 1987 genannt. Das neue Coupé, das ab März 1986 intern als »Taifun« bezeichnet wurde und damit einen Projektnamen wiederbelebte, der bis 1983 für ein verworfenes Hatchback-Konzept gestanden hatte, kam dann aber erst im August 1988, sieben Jahre nachdem die ersten Überlegungen angestellt worden waren.

… und das, was daraus geworden ist. Deutliche Unterschiede in der Führung der Lüftungsschlitze, und statt der Leuchtkristall-Ziffern kamen runde Uhren. Das Lenkrad war in nahezu jedem Volkswagen der späten Achtziger zu finden. Der VR6 bekam ein anderes, das entfernt an das der Skizze erinnerte, allerdings mit drei Speichen.

BÖSER BUBE AUS GUTEM HAUSE

Der Konrad aus Wolfsburg war das erste Autos, das VW konsequent auch als »Sportwagen« bezeichnete und vermarktete. Corrado war kein Coupé, denn das war der Scirocco, sondern eben ein Sportler, wenn auch einer von der unaufgeregten Sorte. Wegen der langen Entwicklungsdauer und den immer wilder ins Kraut wuchernden Spekulationen beschloss Volkswagen, vor der Presevorstellung im August bereits im Mai erste Bilder an die Öffentlichkeit zu geben, um die Neugierde der Medien zu befriedigen.

Die Technik stammte vom Golf II, eine absolute Notwendigkeit, um den Kostenrahmen zu halten, auch wenn diese enge Verwandtschaft vielleicht nicht gerade für einen echten Sportwagen sprach. *Auto motor und sport* sah »die Grenzen des Konzepts nicht allzu fern liegen«, was sich insbesondere in engen Kurven bei beherztem Gaseinsatz bemerkbar machte: Dann zerrten die Vorderräder schon ganz gehörig an der Lenkung und konnten sich mitunter »das Scharren« nicht verkneifen.

Weil Bodengruppe und Fahrwerk vom Golf stammten, stimmte auch das Radstandsmaß von 2.470 Millimeter mit diesem überein. Volkswagen bezeichnete den Corrado dann auch als vollwertigen Viersitzer. Bis auf die eingeschränkte hintere Kopffreiheit (das den Komfort definierende Maß war dabei der Abstand vom Hüftpunkt zum Dach, und da waren es hinten 888 Millimeter und vorne 940) passte das auch: »Eng, aber nicht ärmlich« kommentierte *auto motor und sport*, »zwei propper ausgeformte Sitze für den Nachwuchs«. Ausgesprochen kommod saßen »sportive Eltern« (*ams*) in der ersten Reihe, bei 1.414 Millimetern Breite von Türbrüstung zur Türbrüstung zwickte nichts, es sei denn, die Körperfülle geriet mit den Sitzwangen der vorzüglichen Seitenhalt bietenden Gestühls in Konflikt. Der Kofferraum schluckte laut VDA-Messung 300 Liter.

Wie der Scirocco, wurde auch der Corrado bei Karmann in Osnabrück gebaut. Im Vergleich zum Coupé Scirocco wirkte der Corrado eleganter. Zu den exklusivsten Features gehörte der ab Tempo 120 elektrisch ausfahrende Heckspoiler, der den Auftrieb an der Hinterachse um 64 Prozent verringerte. Im Designstudio Wolfsburg gezeichnet, lernte das Coupé zunächst mit dem G-Lader bestückten 1,8-Liter-Motor das Laufen. Eine Vierstufen-Getriebeautomatik bot Volkswagen relativ rasch nach der Corrado-Einführung bereits seit Januar 1989 an. Mit 42.500 Mark war

Das Kofferabteil fasste, bei dachhoher Beladung, laut VDA-Messung 300 Liter und bei umgeklappten Rücksitzlehnen 838 Liter.

Pfiffige Lösung: Das Warndreieck versteckte sich in der Rückenlehne. Dreieck und Verbandkasten kosteten laut Liste 55 Mark extra.

Glamour-Look in klassischem Schwarzweiß als Kontrast zum knallroten Corrado. Die Kunststoff-Monoblocs konnten aber selbst in jenem Jahrzehnt, in dem so Vieles möglich war, nicht als teuere Designermöbel durchgehen.

Das Spirallader-Konzept von 1905 wurde in Wolfsburg perfektioniert. Richtig standfest war die Technik aber erst 1991.

Der Fronttriebler mit dem G-Lader-Motor war der erfolgreichste (und eigentlich auch der einzige) Sportwagen seiner Klasse.

Immer wieder gerne genommen: Der Corrado war oft Covermotiv von Karmann-Broschüren, hier aus den frühen Neunzigem. Der Karosseriebauer arbeitete mit 60 Schweiß- und Kleberobotern, letztere vor allem zu Fixierung von Innen- und Außenschalen von Türen und Dach. (Foto: Karmann)

er das teuerste Fahrzeug im Volkswagen-Angebot, mit 225 km/h der schnellste – und einer der besten gutbürgerlichen Sportwagen jener Jahre. »Der VW bietet den besten Kompromiss zwischen Sportlichkeit und Nutzwert. Überzeugend sind seine Fahreigenschaften und die Karosseriequalität. Allerdings ist der Preis zu hoch.« bilanzierte *auto motor und sport* in einem Vergleichstest 1990. Das wiederum sollte eigentlich niemand verwunden, denn bei der Corrado-Produktion lag der Anteil an Handarbeit bei über 40 Prozent und damit höher als bei jedem anderen Volkswagen jener Zeit. Dafür war, so die *ADAC motorwelt*, die Serienausstattung »für einen Volkswagen ungewöhnlich reichhaltig«.

Der zunächst einzig angebotene Motor, der 1,8-Liter mit Spirallader galt trotz seiner Qualitäten (»immer energisch, aber nie gewaltsam« – *ams*) als recht zickig und defektanfällig, Volkswagen zeigte sich in der Kulanz großzügig und änderte die Laderproduktion, dann war Ruhe. Bei der Gelegenheit wurde dann auch die Fahrwerksabstimmung geändert und serienmäßig Reifen der Dimension 195/50 auf Felgen 6,5x15 aufgezogen anstellen der bislang verwendeten 185er Reifen.

Eine Alternative zu dieser Motoren-Monokultur bot sich erst zum September 1991, als ein nicht aufgeladener 16-ventiliger Zweiliter folgte. Zusammen mit diesem Zweiliter-Sauger rückte auch der VR6 mit 2,9 Liter Hubraum an. Dieses Triebwark war mit 190 PS deutlich stärker war als das in Golf und Passat verwendete Aggregat, allerdings entfiel hier die Zwangskoppelung an den Allradantrieb: Auch als 235 km/h schneller VR6 blieb der Corrado stets ein Fronttriebler. Alle Versionen verfügten über Nebelscheinwerfer in den wuchtigen vorderen Stoßfängern, und für alle drei stand die Automatik auf der Aufpreisliste. Zusammen mit den neuen Motoren kam auch eine tiefgreifende Modellpflege.

Nach den Werksferien 1991 rollte der gründlich überarbeitete Sportwagen vom Band, zu erkennen am neuen Kühlergrill mit breiteren Lamellen und der höheren Motorhaube mit angedeuteter Hutze. Die Fahrzeuge ab diesem Jahrgang hatten einen 70-Liter-Tank (was das Kofferraumvolumen um 65 Liter reduzierte), geringfügig andere Abmessungen in Länge (4.050 statt 4.048 mm) und Breite (1.690 statt 1.674 mm), Modifikationen im Innenraum und an der Schaltung, eine verbesserte Verarbeitung sowie, im Falle des VR6, das sogenannte »Plus«-Fahrwerk. Hier gehörten BBS-Leichtmetallräder mit Reifen der Dimension 205/50 R 15 zum Lieferumfang.

Der Corrado-Jahrgang 1994 sah eine neue Einstiegsmotorisierung im Programm, den Zweiliter-Zweiventiler aus dem Golf-Programm mit 115 PS und einem maximalen Drehmoment von 166 Nm. Mit dem serienmäßigen Fünfganggetriebe betrug die Höchstgeschwindigkeit 200 km/h, die Beschleunigung von Null auf 100 km/h dauerte 10 s. Wahlweise gab es auch eine Viergang-Automatik mit elektronisch gesteuerter Sport-Economy-Programmumschaltung; für alle Corrado gehörte jetzt eine Tempo-30-Markierung am Tacho zur Serie. In Sachen Ausstattung legte Volkswagen noch eine Schippe drauf: ABS, LM-Räder und eine Servolenkung erhöhten den Lieferumfang. Darüber angesiedelt war der Corrado 16V mit 136 PS bei 5800/min, Spitzenmodell blieb der Corrado VR6 mit 2,9 Litern Hubraum und 190 PS, der jetzt auf eine vollelektronische Zündanlage umgestellt wurde. Die beiden Vierzylinder-Corrado hatten das gleiche 15-Zoll-Fahrwerk,

IM ÜBERBLICK: DIE WICHTIGSTEN STATIONEN DER MODELLPFLEGE

August 1988
Pressepräsentation mit 1,8 l- G-Lader-Motor; erstes Serienfahrzeug mit G-Lader-Technik

September 1989
ZV, EFH, Lederlenkrad, Leder-Manschette für den Schalthebel, automatische Leuchtweitenregulierung serienmäßig

August 1990
Räder/Reifengröße jetzt 195/50 auf 6,5x15 (vorher: 185/55 auf 6x15)

Februar 1991
Sondermodelle »Exclusive« und »Jet«.

September 1991
Neue Motoren: 2,0 L 100 KW / 136 PS, 16V und 2,9 L 140 kW (190 PS). Seitenaufprallschutz in den Türen, seitliche Blinkleuchten, neuer Kühlergrill. Auf 70 Liter vergrößerter Tank (kleinerer Gepäckraum), neue Motorhaube mit Hutze, geänderte Spurweite, breitere Radhäuser.

Oktober 1992
Überarbeitetes Armaturenbrett und Türtafeln. Statt Heizungs- und Frischlufthebel nun Drehschalter. Neue Komfortschließung bezieht nun EFH und elktr. Schiebe-/Ausstelldach mit ein.

September 1993
Neuer Einstiegsmotor 2,0 L 85 kW (115 PS). Wegfall G-Lader-Motor.

Oktober 1994
Gurtstraffer und Wegfahrsperre serienmäßig, Airbags Fahrer-/Beifahrer auf Wunsch. Wegfall 2,0 L-Motor mit 136 PS.

Juni 1995
16. Juni: Letzter Corrado läuft vom Band.

Der G60 war für 1992 nur noch in Jet-Ausführung zu bekommen, seinem Ruf hatten die Schwierigkeiten mit dem Spirallader sehr geschadet.

Corrado, Modelljahr 1991: Die BBS-Leichtmetallfelgen kosteten 1178 Mark Aufpreis, standen dem Corrad aber vorziiglich.

der VR6 Corrado VR6 verfügt über ein spezielles Hochleistungsfahrwerk. Seine Bremsanlage: innenbelüftete 280-mm-Scheiben vorn, 226-mm-Scheiben hinten, elektronische Differentialsperre EDS. Der G60, zuletzt nur noch als »Jet« angeboten, fiel damit aus dem Programm, der 160 PS starke 1,8 Liter hatte nie als Muster in Sachen Standfestigkeit und Benzinverbrauch gegolten. Die Gebrauchtkaufberatungen jener Zeit ließen da an Deutlichkeit nichts zu wünschen übrig, lobten aber auch die Stärken dieses Coupés, in Sachen Komfort, Fahrwerk (»das Fahrverhalten ist eindeutig die größte Stärke« – *ADAC motorwelt*) und Funktionalität.

Nach den Werksferien 1994 ging der 16V in Rente, dafür aber war – gegen Aufpreis von 400 Mark– der Corrado mit Airbags zu ordern. Zu dem Zeitpunkt war der Corrado aber nicht mehr zu retten, denn trotz aller Preiswürdigkeit kam der Volkssportler seine Besitzer richtig teuer: Die Versicherungsprämien Anfang der Neunziger stiegen horrend an, was zum einen an den Besitzern lag, die überdurchschnittlich häufig in Unfälle verwickelt waren und dem VW eine Einstufung in der höchsten Kasko-Klasse bescherten, wie auch die Beliebtheit bei Langfingern: Vor der großen SUV-Welle war der Corrado jahrelang das meistgestohlene Auto Deutschlands.

Mitte 1995 schließlich endete nach 97.521 Exemplaren die Corrado-Produktion, die letzten Exemplare lieferte Karmann nach England aus: Die Ära der VW-Sportwagen war vorerst zu Ende.

VOR ALLEM AUS FERNOST: DIE KONKURRENZ

Volkswagen sah als größten deutschen Corrado-Konkurrenten ausgerechnet den Porsche 968 an. Der hatte im Sommer 1988 den 924/944 beerbt, schluckte aber bei annähernd gleichen Fahrleistungen deutlich mehr Sprit als der VW. Außerdem war er, so die Verkaufsunterlagen, deutlich schlechter ausgestattet, ABS und umklappbare Rücksitzlehnen kosteten beim Porsche natürlich extra. In Sachen Übersichtlichkeit, Platzverhältnisse, Fahrersitzposition sah sich Volkswagen sowieso sich im Vorteil, ebenso auch beim Kofferraum-Volumen. Laut VDA-Messung schluckte der Corrado 300 Liter Gepäck und der Porsche nur 184 Liter.

Als Hauptkonkurrenten aus Fernost hatte Volkswagen den Celica 2.0 GT ausgemacht, den meistverkauften Nippon-Sportler Ende der Achtziger. Da wurde es sehr schwer, ihm Negatives anzukreiden. Um so genüsslicher wurde aus dem *mot*-Fahrbericht zitiert: »Das einzige leidige Thema ist der Verbrauch. Der ist – besonders bei Vollast – unverschämt hoch und kann durchaus einmal die 16-Liter-Marke erklettern.« Wenig überraschend, dass dem Klappscheinwerfer-Coupé der Verbrauch als dickster Minuspunkt angekreidet wurde, und die Tatsache, dass das ABS 2.300 Mark Aufpreis kostete. Ansonsten ließ sich dem Celica nichts vorwerfen.

Weil er »in Preis und Leistung gleichauf« mit dem Corrado lag, wurde auch der Mitsubishi Starion zum Vergleich hinzugezogen, wiewohl dieser ein Exote auf deutschen Straßen darstellte. Für ihn sprach eigentlich nur die umfangreiche Innenausstattung mit ABS und Klimaanlage, in allen anderen Kriterien fuhr er dem Corrado hinterher: »– Hoher Verbrauch, – Hartes Fahrwerk, – Sehr kleiner Gepäckraum [in der Tat, nach VDA nur 197 Liter, aber mehr als beim Porsche]« sprachen dagegen, vor allem aber der »sehr hohe Verbrauch«.

Und noch ein Nippon-Sportler war als Corrado-Konkurrent ausgemacht worden: Mazdas RX-7. Der war zwar in den USA eine Macht, in Deutschland aber eine Randerscheinung. Vor allem aber in der S-Ausstattung (mit dem der Corrado direkt vergleichbar war) gab es ihn nur ohne Katalysator, was die Verkaufshilfe auch ausdrücklich betonte und durch eine besonders fette Schrift hervorhob. Auch sonst das Übliche: Mehr Verbrauch, mehr Ausstattung, weniger Platz – der Wankel-Typ galt nicht als ernsthafter Mitbewerber.

Von Anfang an hatte der Corrado eine außerordentlich standfeste Bremsanlage. Ein ABS-System war ebenso mit an Bord wie innenbelüftete Scheiben vorn, die hinteren waren massiv. Abmessungen, Überhang und Wendekreis (10,5 m) machten ihn auch großstadttauglich.

Im Modelljahr 1992 umfasste das Corrado-Programm die Ausführungen 16V, G60 Jet und VR6. Der güntigste kostete laut Liste 41.475 Mark, der teuerste 49.790 Mark. Kärglichst ausgestattet waren sie alle, elektrische Fensterheber gab es nur beim Sechszylinder, bei den anderen verteuerte sich die Rechnung urn 630 Mark. Solche Goodies waren bei den Japanem längst schon serienmäßig.

Yuppies, die »Young Urban Professionals« waren eine Erfindung der Achtziger. Ob man ihnen tatsächlich im Alltag begegnen konnte, war umstritten. Nur in der Werbung, da tauchten sie unweigerlich auf: Pressefoto zum G60, 1988

Das Facelift für 1992 bescherte dem Corrado eine neuen Kühlergrill mit breiteren Lamellen. Das Signet war normalerweise verchromt.
(Foto: Bernd H./Steve M., cc-by-sa 2.5)

Noch vor der Markteinführung absolvierte der Corrado in Ehra-Lessien einen Rekord-Marathon und holte sechs Weltbestleistungen: Vielleicht hatten die Wolfsburger doch einen Sportwagen gebaut und kein Sportcoupé.

REKORDE FÜR DEN DAUERLÄUFER

Dass der Corrado tatsächlich Sportwagen-Gene in sich trug, bewies er schon vor seiner Markteinführung: Am 22. August 1988 holte er auf der knapp 21 Kilometer langen Teststrecke in Ehra-Lessien mehrere Geschwindigkeitsrekorde.

Diese fanden unter Aufsicht von FIA-Offiziellen statt und bescherten den Wolfsburgern ein halbes Dutzend Bestwerte in der Klasse bis zwei Liter auf, über eine und sechs Stunden, 500 und 1000 Kilometer sowie 500 und 1000 Meilen. Dabei waren Schnitte zwischen 257 und 262 km/h ermittelt, in der Spitze lief der von einem Profi-Team gefahrene Corrado knapp 270 km/h.

Das war mit einem serienmäßigen 160-PS-Wagen natürlich nicht zu schaffen, die Rennversion entwickelte 220 PS bei 6.400/min. Die Kraftkur war ein Folge von Modifikationen an Zündung, Einspritzung, Ventiltrieb, Kolben, Lader und zweiflutiger Abgasanlage; der geregelte Katalysator war an Bord geblieben. Weitere technische Änderungen umfassten den Einbau eines Überrollkäfigs, eines Sicherheitstanks und den Einbau einer Feuerlöschanlage. Zusätzliche Modifikationen umfassten Getriebe, Fahrwerk und Aerodynamik.

Verschiedentlich wurde der Corrado danach bei Rennen wie dem ADAC-GT-Cup eingesetzt, ohne allerdings als sonderlich begnadeter Racer aufzufallen.

Sowohl Karmann als auch Zender entwickelten Cabriolets auf Corrado-Basis, zu einem Serienbau kam es aber nicht. Darüber hinaus hat auch ein Berliner VAG-Händler bei Design & Technik ein Cabrio entwickeln lassen.

Der Karmann-Prototyp befindet sich im Bestand der Stiftung Automuseum Volkswagen in Wolfsburg.

Der Karmann verfügte über ein Softtop, das Klappverdeck war in typischer Karmann-Qualität mehrlagig ausgeführt. (Fotos: AutoMuseum Volkswagen)

HUT AB ODER KOMBIHECK DRAN ?

Auf dem Genfer Salon 1989 sah man den VW-Vorstandsvorsitzenden Carl H. Hahn am Steuer eines offenen Corrado. Allerdings stand der nicht auf dem VW-Stand, sondern fungierte als Visitenkarte der Hamburger Design+Technik GmbH. Der viersitzige Prototyp war auf Initiative eines Berliner VAG-Händlers entstanden, zum geplanten Kleinserienbau sollte es aber nicht kommen. Dennoch wollten die Gerüchte um ein VW-Corrado-Cabrio nicht verstummen, Hausschneider Karmann baute einen solchen Wagen, ebenso der Zubehörspezialist Zender in Mülheim Kärlich. Der auf diversen Messen gezeigte Sportwagen zeichnete sich vor allem durch das innovative Verstärkungskonzept aus. Die Verstrebungen, welche die Bodengruppe verstärken, bestanden hier aus Kohlefaser. Größter Vorteil dieser Lösung war – neben der Gewichtseinsparung – der Verzicht auf Schweißarbeiten. Den neuen Kofferraumdeckel, der aus dem Schrägheck ein Stufenheck mach-

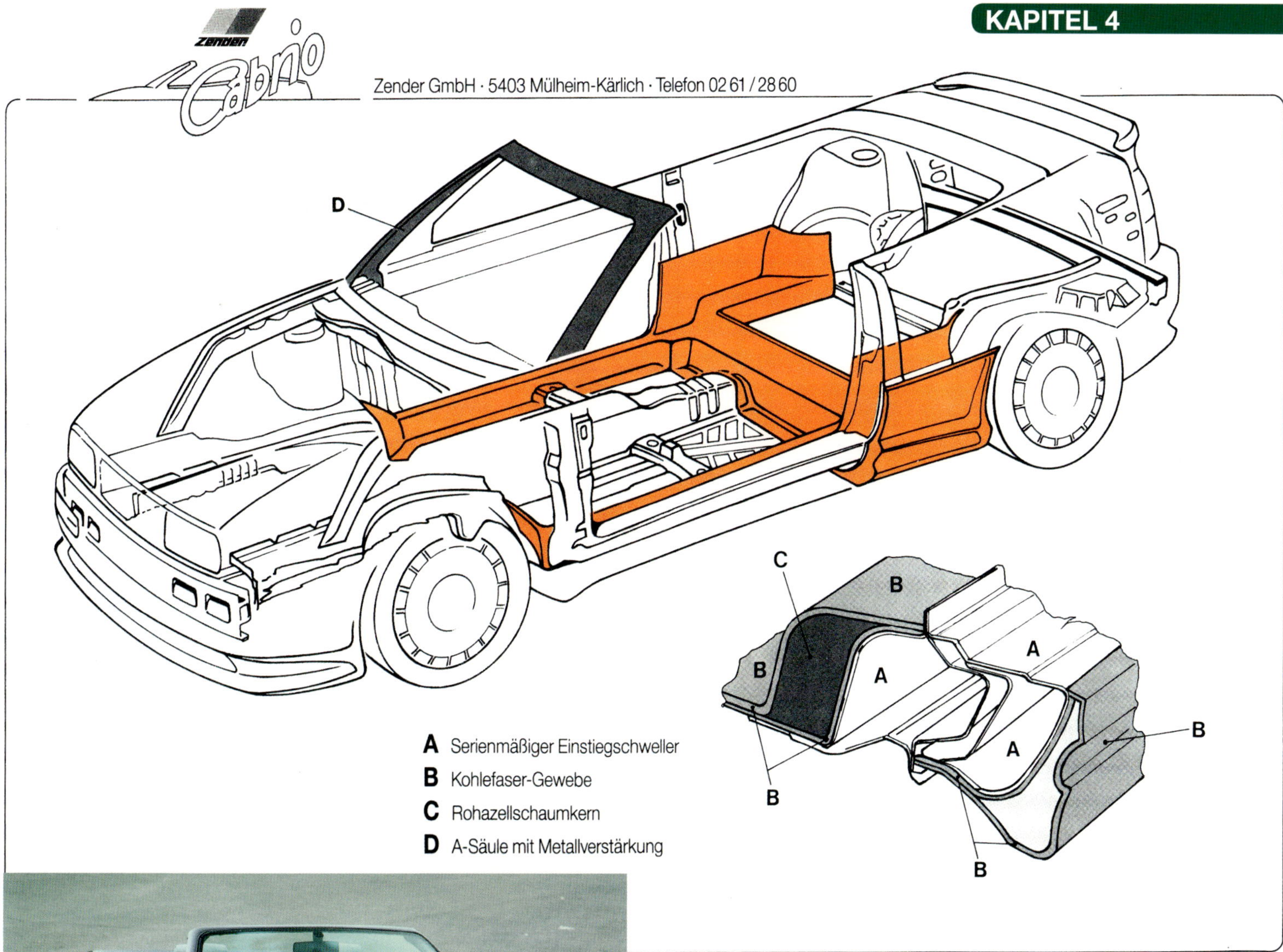

Zender hat zuerst auf dem Genfer Salon, dann auf der IAA 1989 seinen Corrado-Aufschnitt gezeigt. In erster Linie ging es darum, sich als Entwicklungspartner für die Automobilindustroe zu empfehlen. Den Wegfall des Daches kompensierte Zender durch eine Versteifung der Bodengruppe durch eine Carbon-Kombination. (Fotos: Zender)

DIE ENTSCHEIDUNG IST GEFALLEN

Cw-Wert: 0,308

Der Magnum® geht nicht in Serie

Auf Basis des VW Corrado wurde eine Sport-Combi-Ausführung entwickelt.
Die beiden ersten Prototypen sind wegen der Entscheidung gegen die Serienproduktion nun weltweit die **einzigen Exemplare** dieses Typs.

Eigens für diese Fahrzeugvariante wurde der Name **„MAGNUM®“** als eingetragenes Warenzeichen national und international geschützt.

Die beiden einmalig schönen, exklusiven und mit vielen Sonderausstattungen versehenen **Einzelstücke** stehen nun zum Verkauf an.

Mitverkauft werden sämtliche **Rechte, technischen Unterlagen wie Windkanaltestergebnisse, Konstruktionsunterlagen, Prototypenwerkzeuge, TÜV-Gutachten sowie, soweit bereits vorhanden, Produktionsmittel.**

Ebenfalls verkauft wird der, für Automobile geschützte, **Markenname „MAGNUM®“**.

Technische Daten:

Motor
Vierzylinder Reihenmotor vorn quer, G 60-Lader mit Ladeluftkühlung, vollelektronisches Einspritz- und Zündsystem Digifant, lambdageregelte Abgasreinigung.

Hubraum	1781 cm³
Bohrung	81,0 / 86,4 mm
Verdichtung	8,0
Leistung	118 kW / 160 PS bei 5600 / Min.
Drehmoment	225 Nm bei 4000 / Min.
Kraftübertragung	Frontantrieb, 5-Gang-Getriebe mit Seilzugschaltung

Fahrwerk
Vorn Federbeine, Dreiecksquerlenker, Stabilisator, innenbelüftete Scheibenbremsen (ABS Serie)
Hinten Verbundlenkerachse mit spurkorrigierenden Lagern, Feder-Dämpfer, Stabilisator, Scheibenbremsen
Räder 205 / 45 ZR 16 auf 7 1/2 J x 16 LM

Maße und Gewichte

L / B / H	4048 / 1674 / 1318 mm
Radstand	2470 mm
Spur v / h	1435 / 1428 mm
Leergewicht	1170 kg
Zul. Gesamtgewicht	1505 kg
Kofferraum	490 l

Fahrleistungen

Höchstgeschwindigkeit	ca. 225 km / h
Beschleunigung	0–100 in 8,3 Sek. 0–160 in 23,0 Sek.

Elastizität

60–100	14,4 s (5. Gang)
60–120	20,0 s (5. Gang)

Mindestgebot für das Gesamtpaket: 3,2 Mio. DM

Schriftliche Angebote bitte an die Firma:

MAG
Marold Automobil- und Anlagentechnik GmbH
Beekebreite 18-20 · D-4504 Georgsmarienhütte

Angebotsschluß ist der 11. September 1991

Nähere Einzelheiten sind zu erfragen unter der Telefon-Nr. **05401/490-0**

Per Anzeige gesucht: Interessenten für die Magnum-Produktion. Es fanden sich keine, welche die geforderten 3,2 Millionen Mark zahlen wollten.

Der Corrado Magnum war eine Entwicklung von Marold in Osnabrück und wurde von Design & Technik in Hamburg gebaut. Geplant war eine Auflage von 100 Stück. (Fotos: Hersteller)

Das ist der Rieger Corrado GTO. Da Unternehmen hat ja auch den Scirocco im Zeitgeist traktiert. Da war klar, dass auch der Corrado nicht ungeschoren davonkommen konnte. (Foto: Rieger)

Natürlich hatte Zender für den Corrado auch einen Karosseriebausatz entwickelt. Knapp 10.000 Mark wurden dafür aufgerufen, Fahrwerkstieferlegung und Zender Turbo-2-Alus in der Größe 8x16 kosteten 4500 Mark. (Foto: Zender)

Kameis X1-Grundbausatz für den Corrado umfasste Frontspoiler, Seiten- und Heckschürze. (Foto: Kamei)

te, bestand aus GfK, der Verdeckkasten dagegen aus Blech. Die serienmäßigen Fondsitze landeten beim Zender-Cabrio wieder im Ersatzteilregal, hinter den mit Leder bezogenen Sportsitzen befand sich eine fein ausgekleidete Gepäckablage. Das komplette Fahrzeug mit Koni-Fahrwerk, Leichtmetallrädern und üppigem Spoilerwerk sollte rund DM 80.000,- kosten, die weniger spektakuläre Basisversion rund DM 60.000,-. In keinem Falle kam es zum Bau einer Kleinserie.

Nur eine Randnotiz im bunten Corrado-Universum war der Kombi-Umbau von SGS, der Hamburger Design+Technik GmbH, die das von der Marold Automobil GmbH entwickelte »Magnum«-Projekt hätte bauen sollen. Der Kombi-Umbau (mit Audi 80-Rückleuchten) sollte für 22.000 Mark (+Basis-Fahrzeug) angeboten werden, geplant war eine Kleinserie von 100 Stück. Der Shooting Brake kam aber nicht über das Prototypen-Stadium hinaus. In der *auto motor und sport* wurden 1991 die Werkzeuge, Unterlagen, Rechte sowie die beiden Musterwagen angeboten, fanden aber keinen Abnehmer. Die Magnum standen dann jahrelang bei Marold (bzw.PEGAM) und gingen 2007 an einen US-Käufer. Der parkte sie zunächst in den Niederlanden zwischen, weil es Schwierigkeiten mit dem Zoll gab. Über die Jahre geisterten die Magnums durch diverse Internet-Portale mit verschiedenen Preisen, wurden aber nicht verkauft. 2014 erfolgte schließlich die Verschiffung in die USA, wo sie 2016 (der eine mit 13.429 Kilometern) über den Luxuswagen-Händler LuxSport in New York verkauft wurden.

Der Scirocco en miniature

Ihre letzten halbwegs gesunden Jahre erlebte die Spielzeugautoindustrie bis Mitte der 70er Jahre. Das Interesse der Jungs wandte sich neuen Themen zu, dunkle Wolken schwebten über der Branche, der Pleitegeier kreiste bedrohlich. Dennoch genoss der erste VW Scirocco von 1974 das Privileg, noch von einigen etablierten Herstellern miniaturisiert worden zu sein. Doch schon seine Faceliftversion von 1978 kam nicht mehr in den Genuss, es zum 1:43-Miniaturauto zu bringen. Die 80er Jahre waren das miniaturautolose Jahrzehnt, nur wenige Produzenten überlebten, und dies auch nur durch Industrieaufträge. So schuf Conrad im Volkswagen-Auftrag den zweiten Scirocco und Schabak durfte den Corrado 43fach verkleinern. Im Spielzeughandel spielten diese Miniaturen keine Rolle mehr. Ab 1990 etablierte sich ein neues Genre, das Modellauto für den erwachsenen Sammler.

Minichamps war der neue Stern am Himmel, viele andere folgten. Traditionelle Namen wie Solido, Corgi Toys und Schuco erlebten eine Wiedergeburt. Aber es war nur deren Name, nicht deren Tradition. Bis heute produzieren sie Modellautos, meist aus Zinkdruckguss und zunehmend aus dem Kunststoff Resine, in hoher Qualität für Sammler. Und so mancher Scirocco ist heute am Markt, denn heutige Modellautos zielen auf den erwachsenen Sammler, der Klassiker und Youngtimer liebt und sich damit einen Teil seiner Kindheit und Jugend in die heimische Vitrine rettet.

Zu den Ersten, die vom Bankrott ereilt wurden, gehört der Traditionalist Schuco aus Fürth. Schuco machte für Volkswagen sämtliche Wagen der neuen Frontantriebsgeneration ab 1974 in 1:43 und in 1:66 in guter formaler und Gussqualität aber mit liederlicher Lackierung. Die Gussformen wurden nach der Pleite 1976 verkauft, diejenige des 1:43-Scirocco landete bei Brinquedos Rei im brasilianischen Manaus. Gerade als Highway-Patrol-Car ist das ausgewanderte Schuco-Modell für Scirocco-Sammler eine geliebter Exot.

Die französische Filiale von Dinky Toys in Bobigny, zuletzt in Calais, stoppte ihre Personenwagenproduktion bereits 1971. Ab 1973 kamen die »französischen« Dinky-Pkw von der Firma Pilen aus dem spanischen Alicante. Dorthin wurden die Gussformen transferiert, und Pilen produzierte im Lohnauftrag für Dinky Toys. Parallel durfte Pilen die Modelle mit anderen Rädern und anderer Bodenplattenbeschriftung auch unter eigenem Namen herstellen, und so gibt es den identischen Scirocco von Dinky Toys und von Pilen. Eine weitere spanische Marke, die sich dem Scirocco in 1:43 widmete, ist Mira, ebenfalls in den 70ern untergegangen, und die Druckgussformen erlebten ebenfalls ein Revival, anno 2002 unter dem Label Scale Carr. Einen Scirocco I in eher unterdurch-

Die Joy-Toy-Modelle wurden hauptsächlich in Sets in griechischen Souvenirläden und Strandbazars verkauft.

Kontrastprogramm: Perfekt umgesetzter Scirocco GT24 R-Line als Bausatzmodell im Maßstab 1:10 auf dem TAMIYA TT-01 Type E-Chassis. Absolut originalgetreu nachgebildet, allerdings, anders als das Vorbild, mit Allrad-Antrieb. Das RC-Modell zeigt den Scirocco GT24-CNG, der 2011 beim 24h-Rennen am Nürburgring startete und gewann. (Foto: Tamiya-Carson)

schnitticher Qualität erstellte Polistil in Italien. Als Gruppe-2-Renner machte Solido aus Frankreich einen Scirocco mit tief herab gezogenem Frontspoiler und schwer verbreiteten Kotflügeln. Die zweite Generation wurde von Conrad in Kalchreuth als Industriemodell für Volkswagen gefertigt, desgleichen der Corrado von Schabak in Nürnberg. Auf eigene Rechnung fertigte Gama aus Nürnberg einen Corrado.

Als aktuelles Modellauto ist der Scirocco in beiden Generationen und mittlerweile sogar der Corrado beliebt bei Sammlern und Fans. Scirocco I und Corrado G60 werden von Minichamps in unnachahmlicher Qualität gefertigt. Unter dem etwas preiswerteren Label Maxichamps legte Minichamps das 2001 erschienene Modell jüngst neu auf. Aus Macao kommen die Modelle aus dem Sonic-Konzern, die unter diversen Namen vertrieben werden, Ixo ist der bekannteste davon. Sonic macht einen Scirocco I mit dem 1978er Facelift, den es zuvor noch nie als 1:43er gegeben hatte, und zwar unter den Labeln Tripple 9 und Whitebox. Einen Gruppe-2-Renner aus Resine gibt es von Neo. Den Scirocco II fertigt Norev aus Zinkdruckguss, einen Scirocco II GT 16V gibt es von Neo aus Resine. Einen aktuellen 1:43-Corrado bietet Norev aus Zinkdruckguss an.

Mit eigenen Rädern und in anderen Farben stellte Pilen dieselben Modelle her wie Dinky Toys, den Scirocco auch als Amateursportler.

Ein weiterer spanischer 1:43-Hersteller war Mira. Nach dessen Pleite in den 70ern gab es unter dem Label Scale Carr eine Wiederauflage, der linke Scirocco. Der gelbe Sportler und die sehr freie Starsky & Hutch-Interpretation sind originale Mira-Modelle.

Tief herab gezogener Spoiler, breite Kotflügel und fette BBS-Schlappen trägt das Solido-Modell in 1:43, ein Gruppe-2-Scirocco.

In 1:43 und in 1:66 interpretierte Schuco das Thema Scirocco, groß und klein gab es sowohl im Spielzeughandel zu kaufen wie auch als Werbegeschenk in spezieller Box vom VW-Händler für den Sohn des Neuwagenkäufers.

SHD 0620 - VW Gol Police Patrol
SHD 0629 - BMW Fire Chief
SHD 0612 - Mercedes Radio Taxi
SHD 0628 - Porsche 924 Rallye
MINIATURAS REI
-Modelos originais
FAÇA SUA COLEÇÃO
Cole a figurinha avulsa neste mini-catálogo e quando tiver juntado 4 figurinhas, envie-o para Al. Cleveland, 397 - São Paulo - CEP 01218 com seu nome e endereço e aguarde.
uma agradável surpresa
P.S. - Não esqueça de enviar a data de seu nascimento.

Prospekt von Rei in Brasilien, worin der Scirocco als Gol bezeichnet wird.

Ein Scirocco als brasilianisches Polizeiauto ist undenkbar, aber ein VW Gol hat offenbar durchaus diese Funktion. Deshalb wurde aus dem ex-Schuco Scirocco ein Gol.

Minichamps Scirocco TS mit Doppelscheinwerfern, normales Straßenfahrzeug mit den Werks-Alus und getunter »Streetfighter«.

Unter dem Label Maxichamps bringt Minichamps einige populäre Modelle seit 2016 zu günstigeren Preisen mit weniger hohem Bedruckungsniveau erneut auf den Markt, den Scirocco bereits in drei Farben.

Scirocco II als aktuelles Modellauto von Norev in silber sowie als zeitgenössisches Industriemodell von Conrad mit seiner Werbebox. Im Fachhandel wurde dieser Scirocco damals von Gama vertrieben und ist deshalb auch in Gama-Schachteln zu finden.

Corrado G60 als sehr detailliertes Minichamps-Modellauto (rot) und als zeitgenössisches Industriemodell von Schabak für Volkswagen.

Dinky Toys gilt als die crème de la crème unter den antiquarischen Spielzeugautos, und die in Frankreich hergestellten noch mehr als die britischen. Nach dem Ende der Dinky-France-Produktion ließen die Franzosen Dinky-Modelle bei Pilen in Spanien fertigen, so den Scirocco. Die Miniatur stellt einen 1974er dar, die Schachtelillustration einen 1978er.

Der H0-Maßstab 1:87: 1978 brachte Herpa den '74er Scirocco und überarbeitete ihn sehr rasch zum 1978er Modell mit neu gestalteten Blinkern. Außerdem revidierte Herpa seinen Fehler, ihm ursprünglich zwei Scheibenwischer verpasst zu haben. Das rote Modell ist eine Neuauflage von 2006 mit aufwändigerer Bedruckung und besseren Rädern.

Im kleinen Maßstab miniaturisierte Norev den Scirocco II, der Corrado stammt von Herpa. Die Außenspiegel liegen bei.

Kleiner Maßstab, H0-Maßstab: Zu den ersten Herpa-Modellen, als die Firma 1978 ins 1:87-Miniaturautogeschäft einstieg, gehörte ein 1974er Scirocco. Dessen Form überarbeitete Herpa rasch zur Faceliftversion. Norev widmet sich des Scirocco II, Herpa wiederum macht den Corrado.

Der Königsmaßstab 1:18: Es existiert ein nicht mehr lieferbarer Scirocco GTI von Revell aus Metall, aktuell ist ein Gruppe-2-Scirocco im Jägermeister-Livrée von BoS als Resine-Modell lieferbar. Aus Resine sind ein Scirocco II GTX von BoS und ein GTX 16V mit Zender-Karosserieanbauteilen von Ottomobile. Corrado in 1:18: Ein zeitgenössischer VR6 von Revell aus Zinkdruckguss sowie aus aktueller Produktion ein Resinemodell von Ottomobile, ein Corrado G60.

Trotzdem der Scirocco zu einer Zeit erschien, die für die Spielzeugindustrie den Niedergang bedeutete, widmeten sich etliche Hersteller dem sportlichen Golf-Bruder, und die aktuellen Modellautohersteller haben längst erkannt: Ein Scirocco und auch ein Corrado sind Klassiker respektive Youngtimer, die einen dankbaren Fankreis haben, der sich über schöne Miniaturen freut.

Text und Fotos: Alexander F. Storz

VOLKSWAGEN
SCIROCCO GTI
1976